Technologie- und Wissenstransfer für die photonische Industrie ist der Inhalt dieser Buchreihe. Der Herausgeber leitet das Institut für Laser- und Anlagensystemtechnik an der Technischen Universität Hamburg sowie die Fraunhofer-Einrichtung für Additive Produktionstechnologien IAPT. Die Inhalte eröffnen den Lesern in der Forschung und in Unternehmen die Möglichkeit, innovative Produkte und Prozesse zu erkennen und so ihre Wettbewerbsfähigkeit nachhaltig zu stärken. Die Kenntnisse dienen der Weiterbildung von Ingenieuren und Multiplikatoren für die Produktentwicklung sowie die Produktions- und Lasertechnik, sie beinhalten die Entwicklung lasergestützter Produktionstechnologien und der Qualitätssicherung von Laserprozessen und Anlagen sowie Anleitungen für Beratungs- und Ausbildungsdienstleistungen für die Industrie.

Weitere Bände in der Reihe http://www.springer.com/series/13397

Arnd Struve

Generatives Design zur Optimierung additiv gefertigter Kühlkörper

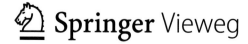 Springer Vieweg

Arnd Struve
Institut für Laser- und Anlagensystemtechnik
(iLAS)
Technische Universität Hamburg
Hamburg, Deutschland

ISSN 2522-8447   ISSN 2522-8455   (electronic)
Light Engineering für die Praxis
ISBN 978-3-662-63070-9   ISBN 978-3-662-63071-6   (eBook)
https://doi.org/10.1007/978-3-662-63071-6

Die Deutsche Nationalbibliothek verzeichnet diese Publikation in der Deutschen Nationalbibliografie; detaillierte bibliografische Daten sind im Internet über http://dnb.d-nb.de abrufbar.

Planung/Lektorat: Alexander Gruen
Springer Vieweg ist ein Imprint der eingetragenen Gesellschaft Springer-Verlag GmbH, DE und ist ein Teil von
Springer Nature.
Die Anschrift der Gesellschaft ist: Heidelberger Platz 3, 14197 Berlin, Germany

Vorwort

Die vorliegende Arbeit entstand während meiner Tätigkeit als wissenschaftlicher Mitarbeiter bei der LZN Laser Zentrum Nord GmbH, welche 2018 als Fraunhofer-Einrichtung für Additive Produktionstechnologien (IAPT) in die Fraunhofer Gesellschaft eingegliedert wurde. Sowohl LZN als auch IAPT verstehen sich als Forschungseinrichtungen, deren höchstes Ziel es ist, den Technologietransfer der Additiven Fertigung in die industrielle Produktion zu ermöglichen.

Meinem Betreuer Herrn Prof. Dr.-Ing. Claus Emmelmann, dem Leiter des Instituts für Laser- und Anlagensystemtechnik (iLAS), möchte ich an dieser Stelle für die Möglichkeit danken das vorliegende Thema zu bearbeiten. Nur die durch Prof. Emmelmann geschaffene einzigartiges Forschungsumgebung hat diese Arbeit erst ermöglicht. Danken möchte ich des Weiteren Prof. Dr.-Ing. Otto von Estorff vom Institut für Modellierung und Berechnung für die Übernahme des Zweitgutachtens und Prof. Dr.-Ing. Thorsten Kern vom Institut für Mechatronik im Maschinenbau für die Leitung des Prüfungsausschusses.

Allen Kolleginnen und Kollegen LZN und IAPT danke ich für die Jahre der kollegialen Atmosphäre und vielseitigen Unterstützung, insbesondere Herrn Fritz Lange für den stetigen Austausch, die zahlreichen Diskussionen und wertvollen Denkanstöße.

Ein besonderer Dank gilt meiner Frau Gesa Struve sowie meinen Eltern Jens und Heidi Struve, die mich in meiner akademischen Laufbahn und meinem gesamten Lebensweg stets unterstützt haben.

Hamburg, im März 2021

Arnd Struve

Kurzfassung

Additive Fertigungsverfahren sind in großen Teilen der industriellen Produktion bereits in die Prozesskette integriert. Im Bereich der Generierung von metallischen Bauteilen hat sich das Laserstrahlschmelzen etabliert und besitzt den höchsten Reifegrad. Neben dem hohen Potential für Einzelstücke und Kleinserien können durch computergestütztes Generatives Design weitere Vorteile wie Leichtbau, Integralbauweise und Funktionsintegration erschlossen werden. Die hohen volumenbezogenen Herstellkosten des Laserstrahlschmelzens sind in der Regel jedoch nur zu rechtfertigen, wenn eben diese genannten Vorteile zur Geltung kommen. Somit ist eine fertigungs- und anwendungsgerechte Designanpassung unumgänglich. Insbesondere bei Bauteilen kleiner Losgröße ist dies nur durch einen hohen Automatisierungsgrad wirtschaftlich zu erreichen. In diesem Bereich bestehen derzeit noch große Defizite.

Die steigende Anzahl von leistungsfähigen elektronischen Geräten in Verbraucherelektronik, LED-Lichttechnik, Elektromobilität, vernetzter Alltagsgegenstände und Luftfahrt sorgen für eine erhöhte Nachfrage an kompakten, individualisierten Kühllösungen. Hierbei handelt es sich um eine ideale Anwendung für die Additive Fertigung, da die Formgebung einen entscheidenden Einfluss auf die konvektive Wärmeübertragung besitzt und mit geringem Materialaufwand großes Potential erschlossen werden kann.

In der vorliegenden Arbeit werden eine Methodik und Softwarearchitektur vorgestellt, welche es ermöglichen, automatisiert anwendungsspezifische Kühlkörper unter erzwungener Konvektion zu erzeugen. Es wird Generatives Design genutzt, um ein Grundmodell der jeweiligen Situation anzupassen. Die erzeugte Geometrie wird mit einer Strömungs- und Wärmeleitungssimulation gekoppelt, um die Kühlleistung zu bestimmen und eine Optimierung durchzuführen.

Weitergehend wird ein Algorithmus präsentiert, mit dem sich die Herstellkosten im Laserstrahlschmelzverfahren anhand einer gegebenen Geometrie bestimmen lassen, um auch die ökonomische Relevanz widerzuspiegeln. Hiermit wird der Anwender in die Lage versetzt, die Entwicklungszyklen zu minimieren und die Vorzüge der Additiven Fertigung flexibel nutzen zu können.

Abstract

Additive manufacturing methods are already integrated into the process chain in large parts of industrial production. In the field of generating metallic components, layer-by-layer laser beam melting has been established and possesses the highest degree of maturity. In addition to the high potential for unique pieces and small series, further advantages such as lightweight construction, integral construction and functional integration can be unlocked by computer-aided generative design. The comparatively high volume-related manufacturing costs of laser beam melting, however, can usually only be justified if these advantages are exploited. Thus, a design adaptation suitable for production and application is inevitable. Especially for components of small batch sizes, this can only be achieved economically through a high degree of automation. At present, major deficits exist in this area.

The growing number of high-performance electronic devices in consumer electronics, LED lighting technology, electro mobility, the Internet of Things and aviation are generating an increased demand for compact, individualized cooling solutions. This is an ideal application for additive manufacturing, as the design has a crucial influence on convective heat transfer and great potential can be exploited with low material costs.

In this thesis a methodology and software architecture are presented, enabling the automated generation of application-specific heat sinks under forced convection. Generative design is used to adapt a basic model to the respective situation. The generated geometry is coupled with a non-isothermal fluid mechanical simulation to determine the cooling performance and to perform an optimization.

Furthermore, an algorithm is presented which allows to determine the manufacturing costs by laser beam melting based on a given geometry to reflect the economic relevance. These measures enable the user to minimize the development cycles and to easily adapt the advantages of additive manufacturing.

Inhaltsverzeichnis

Nomenklatur

Formelzeichen

A	Fläche, Oberfläche, Querschnitt
a	Abstand
α	Wärmeübergangskoeffizient, thermische Diffusivität, Spiegelparameter, Winkel
B	Basis
b	Breite
β	Kontraktionsparameter
C	Kosten, Kurve
c_p	Spezifische Wärmekapazität
D	Dimension
d	Charakteristische Länge, Durchmesser, Verschiebung, Distanz
Δ	Differenz
δ	Grenzschicht
E	Energie
e	Energiedichte, Randabstand
ε	Emissionsgrad
η	Dynamische Viskosität
F	Kraft
f	Äußere Kräfte
γ	Expansionsparameter, Anströmwinkel
h	Höhe
i	Zählindex, Facettenindex
j	Eckpunktindex
I	Stromstärke
l	Dicke, Länge
λ	Wärmeleitfähigkeit
n	Anzahl
P	Elektrische Leistung, zeitgemittelter Druck, Preis, Punkt
p	Druck
φ	Anteil, Seitenverhältnis
χ	Simplexpunkt
ψ	Zielfunktion

Q	Wärme
q	Wärmedichte
R	Wärmewiderstand, Rate, Radius
r	Radius
Re	Reynoldszahl
ρ	Dichte
σ	Stefan-Boltzmann-Konstante, Kompressionsparameter
T	Temperatur
t	Zeit
U	Zeitgemittelte Strömung, Spannung, Oberflächenkoordinate
u	Strömungsgeschwindigkeit
V	Volumen, Oberflächenkoordinate
v	Vektor
W	Arbeit
x	Raumkoordinate, Kontrollvariable
y	Raumkoordinate
z	Raumkoordinate

Indices

0	Ursprung, initial
0.5	Halb
A	Fläche
α	Konvektion
BB	Bounding Box
bld	Bau
c	Kontrahiert
con	Verbrauch
ct	Trennen
dep	Verlust
e	Expandiert
elt	Lebensdauer
emp	Mitarbeiter
F	Fluid
flt	Filter
G	Grundfläche

gas	Prozessgas
ges	Gesamt
ht	Wärmebehandlung
hyd	Hydraulisch
i	Zählindex
K	Kühlkörper
L	Kontur, Schicht
λ	Wärmeleitung
m	Masse, gemittelt
M	Montagefläche
mac	Maschine
man	Herstellung
mat	Material
max	Maximal
min	Minimal
msc	Verschiedenes
O	Offset
P	Punkt
pj	Je Baujob
pow	Stromverbrauch
ppr	Nachbearbeitung
prd	Fertigung
prp	Vorbereitung
prt	Bauteil
pwd	Pulver
qa	Qualitätssicherung
r	Gespiegelt
rct	Beschichtung
rm	Entfernung
rnt	Miete
rot	Rotation
S	Wärmestrahlung, Strahler
scn	Scan
srf	Oberfläche
sup	Stützmaterial

svc	Instandhaltung
T	Thermisch
U	Umgebung
u	Strömung
utl	Nutzung
V	Volumen, Verbraucher
W	Wand
x, y, z	Raumkoordinaten

Akzente

$\dot{x}$	Strom
$\bar{x}$	Gemittelt
x'	Fluktuierend, komprimiert
$\vec{x}$	Vektor
$\hat{x}$	Maximum, Einheitsvektor, normiert

Einheiten

μm	Mikrometer
A	Ampere
cm	Zentimeter
g	Gramm
$°C$	Grad Celsius
h	Stunde
J	Joule
K	Kelvin
kg	Kilogramm
m	Meter
mm	Millimeter
Std	Stunden
s	Sekunde
V	Volt
W	Watt

Abkürzungen

AM	Additive Manufacturing
AMF	Additive Manufacturing File
BB	Bounding Box
BREP	Boundary Representation
CAD	Computer-Aided Design
CAM	Computer-Aided Manufacturing
CSG	Constructive Solid Geometry
CSV	Comma-Separated Values
DED	Direct Energy Deposition
DLP	Digital Light Processing
EBM	Electron Beam Melting
FDM	Fused Deposition Modeling
FEM	Finite Elemente Methode
GUI	General User Interface
HIP	Heiß-Isostatisches Pressen
IGES	Initial Graphics Exchange Specification
IoT	Internet of Things
LAM	Layer Additive Manufacturing
LBM	Laser Beam Melting
LED	Light Emitting Diode
LFA	Laser Flash Analysis
MBJ	Metal Binder Jetting
MJF	Multi Jet Fusion
NB	Nebenbedingung
NURBS	Non-Uniform Rational B-Splines
PBF	Powder Bed Fusion
PJM	Poly-Jet Modelling
PLY	Polygon Dateiformat
RANS	Reynolds-Averaged Navier-Stokes Equations
RB	Randbedingung
REST	Representational State Transfer
ROI	Region of Interest
SIMP	Solid Isotropic Material with Penalization
SLA	Stereolithography Apparatus

SLS	Selektives Lasersintern
STEP	Standard for the Exchange of Product Model Data
STL	Standard Tessellation Language
UV	Ultraviolett
VDI	Verein Deutscher Ingenieure
VTU	Visualization Toolkit for Unstructured Grid
XML	Extensible Markup Language

Fremdwörter

Additive Manufacturing	Additive Fertigung
Additive Manufacturing File	Dateiformat für die Additive Fertigung
Bounding Box	Begrenzender Quader
Boundary Representation	Begrenzungsflächendarstellung
Comma-Separated Values	Kommagetrennte Datenwerte
Computer-Aided Design	Computergestütztes Design
Computer-Aided Manufacturing	Computergestützte Fertigung
Constructive Solid Geometry	Grundkörpermodelle
Digital Light Processing	Digitale Lichtverarbeitung
Direct Energy Deposition	Auftragsschweißen
Direct Manufacturing	Direkte Fertigung
Electron Beam Melting	Elektronenstrahlschmelzen
Extensible Markup Language	Erweiterbare Auszeichnungssprache
Fused Deposition Modeling	Schmelzschichtung
General User Interface	Benutzeroberfläche
Initial Graphics Exchange Specification	Initiale Grafikaustauschspezifikation
Laser Beam Melting	Laserstrahlschmelzen
Laser Flash Analysis	Laserpuls-Analyse
Layer Additive Manufacturing	Schichtadditive Fertigung
Light Emitting Diode	Leuchtdiode
Metal Binder Jetting	Freistrahl-Bindemittelauftrag
Multi Jet Fusion	Freistrahl-Schmelzverfahren
Non-uniform rational B-Splines	Nicht-uniforme rationale B-Splines
Poly-Jet-Modelling	Freistrahl-Modellierung
Powder Bed Fusion	Pulverbettschmelzverfahren
Reynolds-Averaged Navier-Stokes Equations	Reynolds-gemittelte Navier-Stokes-Gleichungen

Slicing	Erzeugung von Schnittkonturen
Solid Isotropic Material with Penalization	Isotropes Festkörpermaterial mit Bestrafung
Standard for the Exchange of Product Model Data	Norm für den Modelldatenautausch
Standard Tessellation Language	Standard Tesselierungssprache
Stereolithography Apparatus	Stereolithografie Gerät
Visualization Toolkit for Unstructured Grid	Visualisierungswerkzeug für unstrukturierte Datengitter
Internet of Things	Internet der Dinge
Region of Interest	Untersuchungsbereich
Representational State Transfer	Zustandsübergabeformat

Abbildungsverzeichnis

Tabellenverzeichnis

1 Einleitung

Im Zeitalter der Digitalisierung schreiten technische Entwicklungen in immer kürzeren Zyklen voran. Aus Sicht der produzierenden Industrie steigt die Nachfrage nach individuell maßgeschneiderten, innovativen Produkten, was in kürzeren Produktentwicklungszyklen resultiert [1–3]. In all diesen Produkten kommen Halbleiter zum Einsatz, welche ihre Leistung in Wärme umsetzen. Als Anwendungsgebiete sind hierbei unter anderem LED-Beleuchtung, elektrisch betriebene Fortbewegungsmittel, Drohnen und IoT-Geräte (Internet of Things) zu nennen. Es wird prognostiziert, dass alleine der IoT-Markt sich in den kommenden fünf Jahren mehr als versechsfacht und auf 1.567 Milliarden US-Dollar weltweit anwächst [4]. Die steigende Nachfrage durch Endnutzer und Industrie treiben auch den Markt der Kühlsysteme an, welcher bis 2025 voraussichtlich von 8,8 Milliarden auf 12,8 Milliarden US-Dollar anwachsen wird [3].

Für den zuverlässigen Betrieb leistungsfähiger Elektronik muss die überschüssige Wärme durch Kühlelemente abgeführt werden [5, 6]. Stellt sich im Betriebszustand eine zu hohe Temperatur ein, verkürzt dies die Lebensdauer der elektronischen Komponente drastisch und kann im schlimmsten Fall zum frühzeitigen Versagen führen [5, 6]. Um dies zu verhindern, werden Kühlkörper als Wärmesenken eingesetzt, welche die entstehende Wärme an die Umwelt abführen. Durch immer kompaktere und einzigartige Einbausituationen und Gewichtsanforderungen kann es notwendig sein, spezialisierte, leistungsfähige Kühlkörper einzusetzen [6–10]. Individualisierte Kühlkörper bieten gegenüber Standardlösungen den Vorteil, dass sie an die jeweiligen Randbedingungen angepasst werden können [11].

Die Additive Fertigung (AM - Additive Manufacturing) ist prädestiniert für die Produktion individueller Bauteile mit geringer Stückzahl [12–14]. Auch die Designfreiheit, welche die Additive Fertigung mit sich bringt, kommt der individuellen Gestaltung von Wärmeübertragern entgegen und erlaubt völlig neuartige wärmeübertragende Formelemente. Dies gilt sowohl für Fluid-Wärmetauscher [15–18] als auch für Kühlkörper unter natürlicher und erzwungener Konvektion [6, 11, 19–21]. Die charakteristisch raue Oberfläche von AM-Bauteilen kommt der Wärmeübertragung in diesem Fall zugute und kann durch entsprechende Beschichtung noch weiter verbessert werden [9].

Der größte Nachteil von AM besteht in den hohen Herstellungskosten bezogen auf die Bauteilmasse. Um diese zu kompensieren, ist es stets notwendig, sowohl das Bauteilvolumen zu reduzieren als auch die Funktion eines Bauteils zu verbessern – ein Optimierungsziel, das sich mit den Anforderungen an individuelle Kühlkörper deckt.

Individualisierung ohne automatisierende Hilfsmittel geht stets mit erhöhten Kosten in der Konstruktion und numerischen Validierung einher. Der Aufwand in der Konstruktion erhöht sich durch den Komplexitätsgrad von AM-Bauteilen zusätzlich. Dieser Herausforderung gilt es daher mit einem hohem Automatisierungsgrad von Design und Optimierung zu begegnen, um für jede gegebene Anwendung die bestmögliche Konstruktionsvariante zu bestimmen [22].

Da sich für den Designprozess additiv gefertigter Kühlkörper unter erzwungener Konvektion ein hohes Defizit identifizieren lässt, ist es Ziel dieser Arbeit, diesen zu automatisieren. Hierzu gehören das computergestützte Generative Design sowie eine automatisierte Strömungs- und Wärmeübertragungssimulation. Diese werden in eine Softwareumgebung

A. Struve, *Generatives Design zur Optimierung additiv gefertigter Kühlkörper*,
Light Engineering für die Praxis, https://doi.org/10.1007/978-3-662-63071-6_1

eingebettet, welche sowohl Schnittstellen zwischen den einzelnen Anwendungen als auch zum Anwender bietet.

Zunächst wird in Kapitel 2 dieser Arbeit der Stand der Wissenschaft und Technik aufgearbeitet. Hierzu gehören die Grundlagen der Additiven Fertigung und des Designs mittels Algorithmen, aber auch die Grundlagen der Wärmeübertragung, welche für das Verständnis physikalischer Wechselwirkungen an Kühlkörpern unerlässlich sind.

Kapitel 3 widmet sich der Analyse kommerziell verfügbarer Kühlkörper, wissenschaftlichen Abhandlungen bezüglich des Kühlkörperdesigns sowie verfügbarer Softwarelösungen im Bereich des algorithmenbasierten Designs. Hieraus wird der Forschungsbedarf abgeleitet und die Ziele der Arbeit definiert.

In Kapitel 4 werden die Grundlagen für die Automatisierung erarbeitet. Hierzu gehören die Auswahl eines geeigneten AM-Werkstoffs sowie die experimentelle Bestimmung der Wärmeleitfähigkeit. Diese dient als Ausgangspunkt für ein Simulationsmodell zur automatisierten Bewertung eines Kühlkörperszenarios. Für die wirtschaftliche Betrachtung wird des Weiteren ein bauteilspezifisches Kostenmodell entwickelt, welches die Besonderheiten der Additiven Fertigung miteinbezieht.

Auf Basis der Erkenntnisse von Wissenschaft und Technik werden in Kapitel 5 geeignete Kühlelemente erarbeitet und diejenigen dominanten Designparameter identifiziert, die sich am stärksten auf die Leistungsfähigkeit auswirken. Aus geeigneten Verfahren wird das Laserstrahlschmelzen (LBM – Laser Beam Melting) identifiziert und entsprechende Konstruktionsrichtlinien abgeleitet. Das Ergebnis ist ein algorithmengesteuertes Grundmodell für das Generative Design.

Kapitel 6 widmet sich der Integration der Automatisierungsschritte und des Grundmodells aus Kapitel 4 und 5 in eine ganzheitliche Softwareumgebung zur Automatisierung von Geometrieerzeugung, Simulation, Auswertung und Optimierung. Hierzu gehören die Auswahl von geeigneten Softwarekomponenten, die Entwicklung von Schnittstellen und die Visualisierung.

Die gesammelten Ergebnisse der Arbeit hinsichtlich Automatisierung und Optimierung werden in Kapitel 7 diskutiert und anhand des gewählten Szenarios numerisch und experimentell ausgewertet.

Kapitel 8 beinhaltet die Zusammenfassung der Arbeit und gibt einen Ausblick auf mögliche Weiterentwicklungen.

2 Stand der Technik

Dieses Kapitel dient der Darstellung der relevanten Technologien und physikalischen Hintergründe. Da alle Untersuchungen im Kontext der Additiven Fertigung stehen, werden in Abschnitt 2.1 zunächst die grundlegenden Begrifflichkeiten und Prinzipien der Additiven Fertigung erläutert. Der Fokus liegt hierbei auf dem Laserstrahlschmelzen. Abschnitt 2.2 ist den Grundlagen der digitalen Prozesskette und dem algorithmengestützten Design gewidmet. Schließlich werden in Abschnitt 2.3 die physikalischen Grundlagen der Wärmeübertragung behandelt, welche für das Verständnis der Wirkmechanismen an Kühlkörpern unerlässlich sind.

2.1 Additive Fertigung

Additive Fertigungsverfahren entwickeln sich stetig weiter. Ihr Zukunftspotential ist bis heute noch nicht abzusehen [22, 23]. Dem AM-Markt wird hohes Wachstum prognostiziert, doch ist der Marktanteil gegenüber konventionellen Werkzeugmaschinen noch vergleichsweise gering [24, 25]. Allerdings stellen Additive Fertigungsverfahren keine Nischenanwendung mehr dar, sondern haben sich in der industriellen Fertigung etabliert und werden für Prototypen, Kleinserien, im Ersatzteilmanagement oder für die direkte Fertigung genutzt [22, 26]. Die Zahl der unterschiedlichen Verfahren ist kaum zu bemessen. Im Folgenden wird ein Überblick über die bekanntesten Verfahren, und insbesondere über das Laserstrahlschmelzverfahren, gegeben.

2.1.1 Grundlagen und Begriffe

Die Additive Fertigung wird den urformenden Verfahren zugeordnet und zeichnet sich, im Gegensatz zu den subtraktiven Verfahren, durch sukzessive Werkstoffzugabe und -verbindung aus [27]. Die Begriffe Generative Fertigung, Additive Fertigung, Direkte Fertigung (Direct Manufacturing) und Schichtadditive Fertigung (LAM - Layer Additive Manufacturing) werden häufig synonym verwendet und beschreiben die direkte Herstellung von Bauteilen mit Produktcharakter [14, 27].

Konnten mit den ersten kommerziellen Verfahren lediglich Kunststoffe für Prototypen und Anschauungsmodelle generiert werden, ist gegenwärtig eine deutlich größere Palette speziell entwickelter Materialien prozessierbar [22]. Alle Verfahren eint das zugrundeliegende Prinzip des sukzessiven Hinzufügens von Material. Gegenüber konventionellen Verfahren ergeben sich hierdurch eine Vielzahl von Vorteilen, jedoch auch einige Nachteile.

Der wohl größte Vorteil der Additiven Fertigung besteht in der hohen geometrischen Gestaltungsfreiheit, die je nach Verfahrensvariante mehr oder weniger stark ausgeprägt ist [28]. Bei konventionellen Verfahren steigen die Kosten maßgeblich mit dem Komplexitätsgrad des Bauteils. Bei AM spielt dies nur eine untergeordnete Rolle [29]. Da wenig Rücksicht auf die Fertigbarkeit genommen werden muss, lassen sich Konstruktionsprinzipien wie Leichtbau, Integralbauweise und Funktionsintegration konsequent umsetzen und somit das Gewicht sowie Montage- und Fertigungsschritte verringern [29–31]. Darüber hinaus lassen sich in vielen Anwendungen auch mehrere Funktionsanforderungen mit demselben Bauteil erfüllen, für die zuvor mehrere Komponenten notwendig gewesen wären [17, 32]

A. Struve, *Generatives Design zur Optimierung additiv gefertigter Kühlkörper*,
Light Engineering für die Praxis, https://doi.org/10.1007/978-3-662-63071-6_2

Da keine Werkzeugkosten und nur vergleichsweise geringe Aufwände in der digitalen Fertigungsdatenvorbereitung anfallen, ist AM bei kleinen Stückzahlen und Bauteilvolumen besonders ökonomisch [12–14]. Dieser geringe Aufwand zur Anpassung von Designänderungen eines Artikels sorgt darüber hinaus für eine Beschleunigung von Iterationen im Produktentwicklungszyklus und kann so die Produkteinführungszeit reduzieren [29–31]. Hieraus resultieren neue Potentiale für hochindividualisierte Bauteile, wie sie schon in der Dentaltechnik, Hörgeräteakustik und Prothetik aber auch Automobilindustrie eingesetzt werden [29, 33].

Nachteile entstehen durch vergleichsweise hohe Kosten von Material und Anlagentechnik [12, 13]. Bei Szenarien mit höheren Stückzahlen können AM-Verfahren nur dann sinnbringend eingesetzt werden, wenn die zuvor genannten Vorteile die Mehrkosten rechtfertigen [22].

Des Weiteren fallen verfahrensspezifische Nachbearbeitungsschritte an [34]. Die meisten Verfahren benötigen beispielsweise Stützstrukturen, um Wände mit starker Neigung zu stützen. Diese müssen digital generiert und aufwendig entfernt werden [26]. Zusätzlich können weitere subtraktive oder beschichtende Nachbearbeitungsschritte notwendig sein, um die gewünschte Oberflächengüte zu erzielen [14].

Die hohe Gestaltungsfreiheit bringt daher den Zwang mit sich, diese auch auszunutzen, um Bauteilvolumen und somit Herstellkosten zu reduzieren oder neue Funktionen zu erschließen. Hierbei bestehen zum einen Herausforderungen im Umgang mit neuartigen Design-Werkzeugen, wie beispielsweise Topologieoptimierung, aber auch in der Identifikation geeigneter Anwendungsszenarien [22, 23, 29]. Insbesondere die Herausforderung der Designanpassung gilt es mit dieser Arbeit zu adressieren.

2.1.2   Verfahrensübersicht

Die Additive Fertigung hat ihren Ursprung in den kunststoffverarbeitenden Verfahren, wie z.B. der Stereolithografie mittels photoreaktiven Harzen (SLA - Stereolithography Apparatus) oder dem Schmelzschichten (FDM - Fused Deposition Modeling) von thermoplastischem Filament, welche in den 80er Jahre entwickelt wurden [14]. Bis heute besitzen diese Verfahren gemeinsam mit Polymer-Pulverbettverfahren gemessen am Umsatz der zugehörigen Materialien den mit Abstand größten Marktanteil [25]. Jedoch kommen für viele Anwendungen ausschließlich metallische Werkstoffe in Frage, und auch diesem Markt wird ein starkes Wachstum prognostiziert [24, 25]. Die Vielfalt verfügbarer Verfahren wird nach Norm entsprechend ihrer Wirkmechanismen kategorisiert [25, 27].

Pulverbettbasiertes Schmelzen
Die Verfahren der Gruppe nutzen Wärmeenergie, um gezielt Teile einer Arbeitsebene aus Pulver aufzuschmelzen [27]. Als Wärmequelle wird in der Regel hochenergetische Laser- oder Elektronenstrahlung genutzt [26]. Verfahren existieren sowohl für Kunststoffe als auch Metalle. Kunststoffseitig können das weitverbreitete Selektive Lasersintern (SLS) und das tintenbasierte Multi Jet Fusion (MJF) Verfahren als Vertreter genannt werden [29]. Eine detaillierte Beschreibung des Laserstrahlschmelzens von Metallen folgt in Abschnitt 2.1.3.

Werkstoffextrusion
Der Werkstoff wird hierbei gezielt durch eine Düse oder Öffnung dosiert und abgelegt [27]. Als Halbzeug dienen schmelzbare Filamente, Pellets oder Stifte. Der bekannteste

Vertreter dieser Gruppe ist das bereits erwähnte FDM-Verfahren. Hierbei wird ein Filament aus thermoplastischem Kunststoff in eine beheizte Düse geführt und lokal verflüssigt [14, 29]. Das austretende Material wird gezielt abgelegt und verfestigt sich durch Abkühlen an der Umgebungsluft [14, 29]. Einige Verfahrensvarianten verwenden zusätzlich verstärkendes Fasermaterial, um schichtgenerative Faserverbundwerkstoffe herzustellen, oder Materialien mit einem hohen Metallanteil, um die Bauteile anschließend einem Sinterprozess zu unterziehen [29].

Gerichtete Energieeinbringung

Die gerichtete Energieeinbringung (DED - Direct Energy Deposition) basiert weitestgehend auf bekannten Metallschweißprozessen und nutzt fokussierte Wärmeenergie, um den Werkstoff während der Aufbringung zu schmelzen [27]. Hierzu wird der Werkstoff in Form von Draht oder Pulver in den Plasmabogen, Laser- oder Elektronenstrahl geführt und auf ein Substrat aufgebracht [27, 29]. Es bestehen Analogien zur Werkstoffextrusion, doch wird das Material erst in der Wirkstelle aufgeschmolzen und es findet keine Verdichtung statt.

Wannenbasierte Photopolymerisation

Als Grundmaterial dient ein Behältnis mit flüssigem oder pastösem Monomer, welches unter gezieltem Einfluss von ultraviolettem (UV) Licht lokal an einer beweglichen Bauplattform zu Polymer vernetzt wird [14, 27]. Neben der bereits erwähnten Stereolithografie, bei der zur Polymerisation ein Laser genutzt wird, existieren auch verwandte Verfahren, welche eine flächige Belichtung unter Zuhilfenahme einer hochaufgelösten Maskierungsmatrix erzielen. Hierzu gehört beispielsweise das weitverbreitete DLP-Verfahren (Digital Light Processing) [14, 26].

Werkstoffauftrag

Das Baumaterial wird analog zum Funktionsprinzip eines Tintenstrahldruckers in Tropfenform gezielt aufgebracht [27]. Bei dem bekanntesten Vertreter, dem Poly-Jet-Modeling (PJM), wird ein UV-reaktives Harz durch feine Düsen aufgesprüht und in-situ durch UV-Licht ausgehärtet [14, 26]. Es bestehen Ansätze, das Verfahrensprinzip auch auf Metalle und Keramiken in Form von Nanopartikeln zu übertragen [29].

Bindemittelauftrag

Verfahren nach dem Prinzip des Bindemittelauftrags stellen eine Mischform aus Pulverbett und Werkstoffauftrag dar. Wie beim Werkstoffauftrag wird nach dem Tintenstrahlprinzip flüssiges Bindemittel lokal aufgebracht, um die losen Partikel im Pulverbett [27] zu verbinden. Industrielle Anwendung finden diese Verfahren in der Fertigung von Sandgussformen und -kernen, aber auch bei der Herstellung von Sintergrünlingen [14, 29].

Schichtlaminierung

Bei der Schichtlaminierung werden konfektionierte Werkstoffzuschnitte flächig miteinander verbunden, um das Bauteil zu bilden [27]. Zu den verwendeten Materialien gehören Papier, Kunststoff und Metall [14, 29]. Die Verfahren verwenden vergleichsweise kostengünstige Halbzeuge und weisen eine hohe Aufbaurate auf, besitzen aber aufgrund des hohen Füge- und Nachbehandlungsaufwands nur geringe Marktrelevanz [29].

Für die Additive Fertigung von Kühlkörpern kommen aufgrund der Anforderungen an Wärmeleitfähigkeit und Temperaturbeständigkeit ausschließlich metallverarbeitende Verfahren infrage. Als markrelevante und -reife Verfahren sind hier zu nennen:

Tabelle 2-1: Relevante Additive Fertigungsverfahren für metallische Werkstoffe [14, 24]

Akronym	Englische Bezeichnung	Übersetzung
LBM	Laser Beam Melting	Laserstrahlschmelzen
EBM	Electron Beam Melting	Elektronenstrahlschmelzen
DED	Direct Energy Deposition	Auftragsschweißen
Metal FDM	Metal Fused Deposition Modeling	Schmelzschichten mit Metallanteil
MBJ	Metal Binder Jetting	Freistrahl-Bindemittelauftrag

Aufgund der erzielbaren Auflösung von DED und Metal FDM-Verfahren scheinen diese für die Generierung von Kühlkörpern für Elektronikanwendungen ungeeignet. MBJ ist erst seit kurzer Zeit kommerziell verfügbar und besitzt daher einen vergleichsweise geringen Marktanteil, doch wird der Technologie hohes Potential beigemessen [24]. Beim Metal Binder Jetting handelt es sich um einen mehrstufigen Prozess, bei dem Grünteile aus einem Pulverbett durch das Aufsprühen von Bindemittel generiert werden (vgl. Bindemittelauftrag) [22, 27]. Es folgt das chemische oder thermische Entbindern sowie der Sinterprozess, nach dem das metallische Bauteil zurückbleibt. Der Druckvorgang verspricht durch die flächige Bebinderung eine vielfach höhere Aufbaurate gegenüber dem Laser- oder Elektronenstrahlschmelzen und somit geringere Kosten [22]. Der nicht unerhebliche Sinterschrumpf muss jedoch im Bauteildesign kompensiert werden und sorgt dafür, das häufig mehrere Iterationen notwendig sind, um ein maßhaltiges Bauteil zu erhalten [22]. Durch diesen Umstand rentiert sich die Bauteilfertigung erst bei einer relativ hohen Stückzahl, was der Individualisierung widerspricht [22].

Nach aktuellem Stand der Technik sind die etablierten Pulverbettverfahren am besten für die Herstellung von hochindividualisierten Kühlkörpern geeignet. Im direkten Vergleich zwischen LBM und EBM bietet das Laserstrahlschmelzen tendenziell die höhere Abbildungsqualität und wird daher präferiert.

2.1.3 Laserstrahlschmelzen

Das Laserstrahlschmelzen ist das industriell etablierteste und am häufigsten eingesetzte Additive Fertigungsverfahren für metallische Werkstoffe [25]. Die erzielbare Materialgüte ist hierbei vergleichbar mit konventionellen Fertigungsverfahren [35, 36]. Trotz vielversprechender alternativer Technologien wird dem Laserstrahlschmelzen auch in den kommenden Jahren ein hohes Marktwachstum prognostiziert [24]. Als treibende Branchen sind Luftfahrt, Turbinenbau, Medizintechnik und Automobiltechnik zu nennen [24].

Der Begriff LBM wird synonym mit vielen weiteren Verfahren genutzt [26]. Die Vielzahl der Begrifflichkeiten ist zum Teil auf proprietäre Verfahren zurückzuführen; diese unterscheiden sich in der Praxis jedoch nur marginal. Im Folgenden wird der neutrale Begriff Laserstrahlschmelzen (LBM) verwendet.

LBM gehört zu den pulverbettbasierten Schmelzverfahren (PBF - Powder Bed Fusion). Diese zeichnen sich dadurch aus, dass ein pulverförmiges Grundmaterial schichtweise aufgetragen (Pulverbett) und lokal gefügt wird [26, 27]. Marktübliche Pulver weisen eine Partikelgröße von 20 bis 100 µm auf [14, 22]. Die Partikelgröße beeinflusst die realisierbare Schichtstärke und somit auch die Aufbaurate, besitzt aber auch großen Einfluss auf die Oberflächengüte.

Die grundlegenden Anlagenkomponenten des Laserstrahlschmelzverfahrens sind in Abbildung 2-1 dargestellt. Hierzu gehören neben dem Laser-Scanner-System die Pulverzufuhr, der Beschichter zum Auftragen des Pulvers sowie die Bauplattform. Als Strahlenquelle werden häufig Ytterbium-Faserlaser mit Fokusdurchmessern zwischen 50 und 500 µm mit einer Leistung zwischen 100 und 1000 W eingesetzt [14, 25]. Der Strahl wird mit Hilfe des Scannersystems umgelenkt und stets in der Arbeitsebene fokussiert. Aus Gründen der Produktivität werden bei vielen Anlagen bereits mehrere simultan arbeitende Laser eingesetzt [24]. Die Pulverzufuhr erfolgt über eine Hubvorrichtung oder eine Dosiereinheit, die dem Beschichter eine definierte Menge Pulver vorlegen. Beschichter sind in vielfältigen Ausführungen verfügbar und reichen von Kohlefaserbürsten über harte Klingen und Gummilippen bis hin zu gegenläufig drehenden Rollen. Alle Varianten haben den Zweck, das Pulver streifenfrei und homogen zu einem Pulverbett aufzutragen und nicht mit dem Bauteil zu interagieren.

Der durch die Bauplattform und den Hubraum aufgespannte Bauraum liegt bei gängigen Modellen in der Größenordnung von 250 mm in allen drei Raumrichtungen, wobei der Trend zu größeren Bauräumen geht, um größere Bauteile und höhere Stückzahlen zu produzieren [14, 24, 37]. Auf dem Hubtisch des Bauraums ist die entnehmbare Bauplattform fixiert. Sie besteht in der Regel aus gleichartigem Material wie das verwendete Pulver, um eine hohe Verbindungsqualität zum Bauteil und zur Stützkonstruktion zu gewährleisten.

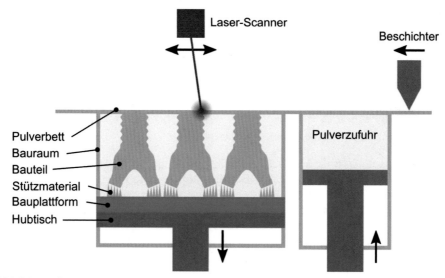

Abbildung 2-1: Funktionskomponenten des Laserstrahlschmelzens [18]

Die Stützkonstruktion dient im Prozess primär zur Abstützung von Bauteilflächen mit großem Überhang, sekundär jedoch auch der Fixierung und Wärmeabfuhr, um thermische
Verzüge im Prozess zu unterbinden [14, 32, 35]. Neben der einzuhaltenden Formtreue des
Bauteils spielen Verzüge eine prozesskritische Rolle, da eine übermäßige Formabweichung zu einer Kollision von Beschichter und Bauteil und somit Beschädigung oder Pro-
zessabbruch führen kann [32]. Neben konstruktiven Maßnahmen können auch technolo-
gische Schritte ergriffen werden, wie beispielsweise die Verringerung des Temperaturgradienten, und somit die Verminderung von Verzügen durch Aufheizen des Pulverbetts [14,
35]. Neben der eigentlichen Generierung gehören weitere Schritte zum Fertigungsprozess
(Abbildung 2-2).

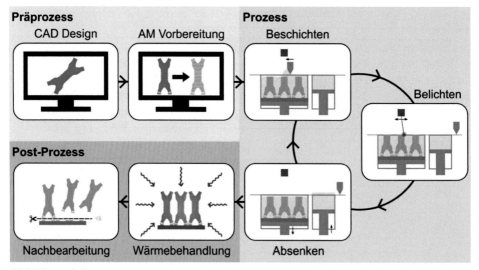

Abbildung 2-2: Prozessschritte des LBM-Verfahrens

Der Präprozess umfasst die Entwicklung und Konstruktion im CAD (Computer-Aided
Design) und die Vorbereitung des AM-Baujobs [26]. Nach fertigungsgerechter Design-
methodik werden bereits hier die LBM-spezifischen Konstruktionsrichtlinien sowie die
Aufbaurichtung berücksichtigt. Zu den wichtigsten Regeln gehören die Minimierung von
Stützmaterial, Vermeidung von schwer zugänglichen Stellen für die Nachbearbeitung und
weitere konstruktive Maßnahmen wie minimal realisierbare Wandstärken und Spaltmaße.

In der AM-Vorbereitung wird eine Reihe von Bauteilen auf der virtuellen Bauplattform
angeordnet, sodass ein reibungsloser Schichtaufbau möglich ist und die maximale Anzahl
von Bauteilen Platz findet. Des Weiteren werden hier die angesprochenen Stützkonstruktionen definiert, sodass die Bauteile sicher fixiert, jedoch im Nachgang mit möglichst geringem Aufwand entfernbar sind. Schließlich werden die Modelle virtuell in Schichten
geschnitten, die der Stärke einer Pulverschicht entsprechen. Dieser Vorgang wird als Slicing (Zerschneiden) bezeichnet [14]. Die entstehenden Polygone werden durch ein Muster
aus Bewegungspfaden, den sogenannten Scanvektoren, gefüllt und mit einer Geschwindigkeit und Laserleistung assoziiert. Hiermit sind alle notwendigen Maschinenaktionen
definiert. Nach dem Rüsten der Anlage kann der Bauprozess gestartet werden. Die wesentlichen Stellgrößen der Prozessparameter sind hierbei die Schichtstärke, Bewegungs-
geschwindigkeit, Leistung des Lasers sowie das verwendete Scanmuster [32].

Zum Bauprozess gehören die drei wesentlichen Schritte Beschichten, Belichten und Absenken der Bauplattform zum Auftragen einer neuen Pulverschicht [32]. Diese Schritte wiederholen sich bis zum Prozessende. Im Anschluss wird ungenutztes Pulver zur Wiederaufbereitung entfernt und die Bauteile mitsamt Plattform der Maschine entnommen [26].

Es folgen die nachgelagerten Schritte, welche als Post-Prozess zusammengefasst werden können [26]. Aufgrund der zuvor erwähnten thermisch induzierten Eigenspannung wird in der Regel eine Wärmebehandlung der noch fixierten Bauteile durchgeführt [26]. Der Vorgang des Spannungsarmglühens hat Auswirkung auf die Gefügestruktur des Metalls und beeinflusst auch thermische Eigenschaften des Werkstoffs, wie in Abschnitt 4.1 untersucht wird [38].

Anschließend müssen die Bauteile von der Bauplattform getrennt werden. Dies erfolgt mittels Bandsäge, Drahterodieranlage oder manuell. Die Supportentfernung, das Feilen der Oberflächen und Sandstrahlen erfolgt in der Regel von Hand. Weitere optionale Schritte umfassen das heiß-isostatische Pressen (HIP) zur Verminderung von Porosität, spanende Nachbearbeitung und Oberflächenvergütung [26, 36]. Zur Wiederherstellung des Ausgangszustandes wird die Bauplattform plangefräst. Das ungenutzte Pulver kann gesiebt und zum größten Teil wiederverwendet werden [26, 39].

2.2 Generatives Design

Das Generative Design steht im Gegensatz zum konventionellen Konstruktionsprozess. Bei dieser Methodik werden Algorithmen genutzt, um anhand einer gegebenen Problemstellung eine Vielzahl von Konstruktionsvarianten erzeugen zu können [40]. Da die mögliche Vielfalt von Konstruktionsvarianten unendlich ist, gehört zum Generativen Design neben der Erzeugung einer virtuellen Geometrie auch ein automatisiertes Bewertungskriterium, sodass Modelle hinsichtlich ihrer Leistungsfähigkeit eingeordnet und sinnvolle Varianten zurückzugeben werden können [41]. Ein Beispiel für ein solches Bewertungskriterium ist das Verhältnis von Bauteilmasse zu Verformung bzw. Spannung, wie es beispielsweise in der Bewertung von Leichtbaustrukturen verwendet wird [40, 42, 43]. Ein simulationsgetriebener Ansatz erlaubt es jedoch, neben mechanischen Problemstellungen auch viele weitere thermodynamische, elektromagnetische und fluidtechnische Randbedingungen miteinzubeziehen.

Das grundlegende Funktionsprinzip ist in Abbildung 2-3 dargestellt. Randbedingungen stellen Eigenschaften der Simulation dar, wie beispielsweise der angewandte Lastfall, Materialien und physikalische Modelle. Die Kontrollvariablen ($x_0 \dots x_n$) sorgen für die Variation der Geometrie. Ihr Wertebereich wird durch die geometrischen Nebenbedingungen begrenzt. Die Blackbox „Algorithmus" stellt die verarbeitende Komponente dar, welche die Bauteilgeometrie erzeugt und die Qualität anhand einer Zielfunktion bewertet. Zur Automatisierung kann darüber hinaus ein Optimierer eingesetzt werden, welcher die Kontrollvariablen iterativ anpasst, um sich der idealen Bauteilvariante anzunähern. Die Herausforderung besteht in der Formulierung des zentralen Algorithmus bestehend aus Geometrie-Generator und Bewertungskriterium.

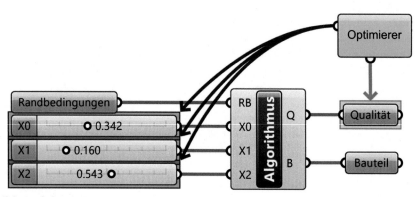

Abbildung 2-3: Blackbox-Schema des Generativen Designs

Die Geometrieerzeugung fußt auf der Designvariation mittels Kontrollvariablen, welche auf unterschiedliche Arten erfolgen kann (Abschnitt 2.2.1). Hierbei werden entlang der digitalen Prozesskette unterschiedlichste Geometriedatentypen erzeugt und konvertiert. Die grundlegenden Typen sind in Abschnitt 2.2.2 aufgeführt, während sich Abschnitt 2.2.3 dem speziellen Datenfluss in der Additiven Fertigung widmet.

2.2.1 Designvariation

Designvariation bezeichnet die Änderung der Gestalt eines digitalen Modells anhand von veränderlichen Eingangsgrößen. Die Variation ist nötig, um ein mathematisch definiertes Ziel bestmöglich zu erfüllen. Häufig ist das Ziel dabei aus mehreren gegenläufigen Einzelzielen zusammengesetzt. Die Herausforderung liegt in der Formulierung einer geeigneten Designvariation.

Abbildung 2-4 zeigt unterschiedliche Methoden zur Lösung einer Problemstellung. In diesem Beispiel soll die Durchbiegung des Balkens bei einer vorgegebenen Masse reduziert werden. Je nach Methodik können hierbei unterschiedlichste Designvarianten entstehen. Die Methoden können nach der Art der Variation in Parameter-, Form- und Topologieoptimierung eingeteilt werden [44]. Im Generativen Design werden mehrere Parameter gleichzeitig betrachtet und Methoden gegebenenfalls miteinander kombiniert. Sowohl Parameter- als auch Formvariation erfordern eine konstruktive Startlösung. Daher finden sie besonders in der späten Konstruktionsphase Anwendung. Freiere Lösungen können mittels Topologieoptimierung generiert werden. Diese Methode besitzt daher höheres Potential in der Konzeptphase [44]. Die Unterschiede und Eigenheiten der Ansätze werden im Folgenden näher erläutert.

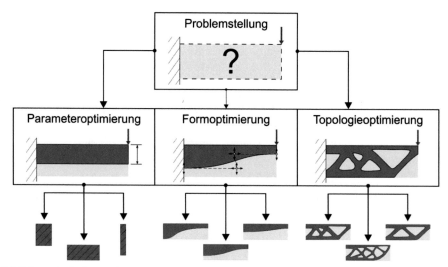

Abbildung 2-4: Generatives Design durch Variation von Parametern, Form und Topologie

Parametervariation

Parametervariation ist die grundlegendste Form der Gestaltänderung. Grundlage ist ein parametrisches Geometriemodell, dessen Abmaße durch Variablen definiert sind. Häufige Anwendungen umfassen Optimierung von Wanddicken, Querschnitten oder Faserwinkel bei Faserverbundwerkstoffen [44]. Die Topologie bleibt dabei unverändert. Anhand des Beispiels in Abbildung 2-4 sind als Kontrollvariablen die Höhe und Breite des Balkens zu nennen, um den Querschnitt zu optimieren. Die Optimierung der Parameter setzt eine nahezu abgeschlossene Konstruktion oder eine genaue Vorstellung der endgültigen Geometrie voraus [32].

Formvariation

Die Variation der Form beinhaltet die Parametervariation, doch werden auch abstrakte Parameter manipuliert. Im obenstehenden Beispiel sind dies die Parameter der Balkenkontur. Jedoch gehören auch Anzahl, Ausprägung und Verteilung von Unterelementen wie Stiften, Löchern und Rippen dazu. Dies führt zu einer großen Anzahl von Stellgrößen, die es zu handhaben gilt. Als Hilfsmittel können mehrere Parameter über Funktionen, wie beispielsweise Volumenkonstanz oder Abstandfunktionen, verknüpft werden. Häufig werden als Werkzeuge auch punktförmige Attraktoren oder Repulsoren sowie Einfluss-Felder genutzt, um den Einflussbereich und die Stärke der Parametervariation zu definieren [45].

Topologievariation

Die Optimierung durch Variation der Topologie wurde für die mechanische Strukturoptimierung entwickelt und basiert auf der Finiten Elemente Methode (FEM) [46, 47]. Bei mechanischen Problemstellungen ist das Ziel die Bestimmung der optimalen Struktur eines Bauteils unter Last durch die bestmögliche Verteilung von strukturrelevantem Material [12]. Hierfür existieren unterschiedlichste Ansätze wie das virtuelle Deaktivieren einzelner finiter Elemente, die Verschiebung der Bauteilbegrenzung oder die lokale Variation einer Materialeigenschaft.

Die bekannteste Methode ist das SIMP-Verfahren (Solid Isotropic Material with Penalization), bei dem jedes Element eine virtuelle Dichte erhält [28, 46]. Zielfunktion ist in der Regel die Maximierung der Steifigkeit, während die Masse zu einem festgelegten Anteil reduziert wird [12]. Durch die eingeführte „Bestrafung" von Elementen mit geringer Tragfähigkeit im Vergleich zu ihrem Eigengewicht wird die virtuelle Dichte und die daran gekoppelte Steifigkeit verringert [32]. Über eine Vielzahl von Iterationen nehmen die finiten Elemente idealerweise den Dichtewert 1 oder 0 mit einem möglichst schmalen Übergangsbereich an. Der Prozess wird wiederholt, bis das Abbruchkriterium oder die maximale Anzahl von Iterationsschritten erreicht wurden [12]. Die entstandene Dichtekarte dient als Vorlage für das endgültige Design und bedarf bezüglich der Realisierbarkeit der Interpretation durch einen Konstrukteur [28].

Im Gegensatz zu Parameter- oder Formoptimierung besitzt Topologieoptimierung die absolute Designfreiheit, Material bedarfsgerecht im Raum zu verteilen und ist daher gut für den Einsatz in der Konzeptionsphase geeignet [20, 32, 44]. Bezüglich des FE-Netzes ist im Gegensatz zu den anderen Methoden keine Neuvernetzung zwischen Iterationen notwendig [44]. Doch sind die Ergebnisse stark abhängig vom gewählten Netz, von Parametern und nachgelagerten Filtern [32]. Auch sind die bei Parameter- und Formvariation begrenzenden Wertebereiche in der Topologieoptimierung nur mit hohem Aufwand umsetzbar. Es existieren Ansätze, Restriktionen in den Optimierungsprozess einfließen zu lassen [48, 49]. So sollte das Bauteil selbststützend sein und möglichst keine Stützkonstruktionen nötig sein [20, 50, 51]. Das Einbinden von Restriktionen hat jedoch auch stets zur Folge, dass das Modell sich vom optimalen Ergebnis entfernt [20].

Im Bereich der Kühlkörperentwicklung existiert eine Reihe von Ansätzen, Topologieoptimierung auf Wärmeübertragungsprobleme zu übertragen (vgl. 3.1). Doch selbst bei vergleichsweise simplen Beispielen zur Modellierung von natürlicher Konvektion ist der Rechenaufwand durch die hohe Anzahl von Freiheitsgraden um ein vielfaches höher als bei der Steifigkeitsoptimierung [52]. Des Weiteren bedarf die Simulation von Wärmeübertragung bei erzwungener Konvektion einer konkreten Definition der Systemgrenzen und einer feinen Vernetzung der Randschichten. Aus diesen Gründen wird für das Generative Designmodell (Kapitel 5) eine Kombination aus Parameter- und Formoptimierung gewählt. Die Topologie bleibt dabei unberührt.

2.2.2 Geometriedatentypen

Die Grundlage der Additiven Fertigung stellen die Geometriedaten dar. Diese stammen in der Regel aus dem CAD, können aber auch auf Basis von 3D-Messdaten erzeugt werden [26]. Da diese Geometrien häufig zu komplex sind, um analog charakterisiert zu werden, läuft die Prozesskette vom Entwurf bis hin zum generierten Bauteil vollständig digital ab und das Format wird dabei vielfach umgewandelt. Die verwendeten Datentypen sind entsprechend vielfältig (Abbildung 2-5).

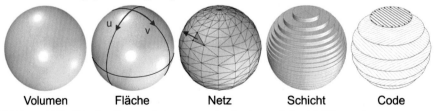

| Volumen | Fläche | Netz | Schicht | Code |

Abbildung 2-5: Gängige Geometriedatentypen im Design und der AM-Prozesskette

Nicht alle Datenformate sind für die Additive Fertigung geeignet [14]. Zwingende Voraussetzung ist, dass das Format ein Volumen fehlerfrei beschreibt, keine Löcher aufweist und Innen- und Außenseite vollständig definiert sind [45]. Diese Voraussetzungen können durch Volumen-, Flächen und Netzmodelle erfüllt werden.

Volumenmodelle

Volumenmodelle werden im CAD am häufigsten verwendet [26]. Da sie per Definition die grundlegenden Bedingungen stets erfüllen und sich ohne großen Aufwand ändern lassen, sind sie besonders gut für AM geeignet [14]. Grundkörpermodelle (CSG - Constructive Solid Geometry) beschreiben die Geometrie durch die Erzeugung von geometrischen Primitivkörpern wie Quadern, Prismen und Zylindern, und verknüpfen diese über boolesche Operationen [14]. Alternativ kann das Volumenmodell durch Flächenbegrenzungen (BREP - Boundary Representation) abgebildet werden [45]. Auch Mischformen aus Grundkörpermodell und Flächenbegrenzung sind üblich [14]. So vielfältig wie die verfügbaren CAD-Systeme sind auch die Dateiformate selbst. Für den Datenaustausch von Volumenmodellen hat sich das STEP-Format (Standard for the Exchange of Product Model Data) etabliert und findet auch in der Additiven Fertigung häufige Anwendung [26]. STEP ist universell für Volumen- und Flächenmodelle einsetzbar und kann weitere Metadaten enthalten.

Flächenmodelle

Flächenmodelle sind den BREPs ähnlich und begrenzen das Volumen durch orientierte Flächen. Sie müssen jedoch nicht zwangsläufig geschlossen sein. Die Flächen sind durch mathematische Funktionen vollständig beschrieben [45]. Am häufigsten finden NURBS-Flächen (Non-uniform rational B-Splines) Anwendung, welche durch Leitkurven (Splines) und deren Kontrollpunkte definiert werden [45]. NURBS-Flächen können stets als deformierte Rechteckfläche angesehen werden, die sich mit den korrespondierenden lokalen Koordinaten U und V beschreiben lassen, weshalb diese auch als UV-Oberflächen bezeichnet werden [45]. Nicht-rechteckige Flächen werden mit einer Begrenzungskurve getrimmt, ihr Definitionsbereich bleibt jedoch rechteckig [45]. Eine NURBS-Fläche wirkt als eine geschlossene Entität. Änderungen eines Kontrollpunkts erzeugen eine lokale Deformation [45]. Als Austauschformat ist das IGES-Format (Initial Graphics Exchange Specification) für 3D-Flächenmodelle bekannt. Es wurde mittlerweile jedoch mit dem bereits genannten STEP-Format zusammengeführt [26, 27].

Netzmodelle

Spätestens beim Slicing kommt es bei der AM-Vorbereitung zur Überführung in eine Netzgeometrie [12, 26]. Netze sind aus Dreiecks- oder Viereckselementen aufgebaut, welche über Eckpunkte und Normalenvektoren definiert werden [14, 27, 45]. Durch die Flächennormalen wird die Volumeninnen und -außenseite bestimmt [26]. Netzmodelle sind vergleichsweise primitiv aufgebaut und Informationen über die ursprüngliche Geometrie, Material und Metadaten gehen durch die Diskretisierung verloren [14]. Die zwangsläufige Formabweichung von der ursprünglichen Geometrie kann durch eine hohe Auflösung reduziert werden. Dies führt jedoch zu hohen Datenmengen, welche die Verarbeitung verlangsamen [12, 26]. Bei der Tesselierung kann es zu Definitionsfehlern wie Löchern, falschen Orientierungen, überlappenden oder falsch getrimmten Facetten kommen, die im schlimmsten Fall zu Prozessfehlern bis hin zum Abbruch führen können [26].

Der große Vorteil der Netzmodelle liegt jedoch in der universellen Einsetzbarkeit und Visualisierbarkeit sowie der mathematisch simplen und robusten Berechnung von Schnittkonturen [14]. Beim Schneiden einer fehlerfreien Netzgeometrie entstehen stets geschlossene Polygone, welche mit geringem Aufwand beschrieben und verarbeitet werden können. Als Austauschformat für Designanpassungen sind Netze jedoch ungeeignet, da die Tesselierung nahezu irreversibel ist [26].

Für die Additive Fertigung hat sich das STL-Netzformat (Standard Tesselation Language) als Standard etabliert [14, 26, 27, 53]. Dieses beschreibt Geometrien auf Basis von planaren Dreiecksflächen mit Eckpunkten und Normalenvektoren, bietet jedoch in der Regel keine weiteren Informationen. Um die Nachteile des STL-Formats zu beheben, wurden neuartige Netz-Typen entwickelt, wie das AMF-Format (Additive Manufacturing File) [29]. Diese sind dem STL-Format ähnlich, können aber auch gekrümmte Facetten beinhalten und speichern Zusatzinformationen wie Material, Farbe, Textur und weitere Metadaten [14, 26, 27, 29].

Schichtmodelle und Maschinencode

Ein Teil der Datenvorbereitung für den Prozess besteht darin, die erstellten Netzdaten in ein Format zu übersetzen, welches von der AM-Anlage verwendet werden kann. Für die Anlage sind lediglich die Schichtinformationen relevant, Zwischenwerte der Höheninformation gehen dabei verloren. Beim Slicing werden die Netzdaten in Schnittkonturen parallel zur Bauebene mit dem Abstand einer zu erzeugenden Schicht gebildet. Des Weiteren werden die Schnittkonturen mit Prozessparametern in Form von Scanpfaden und zugehörigen -leistungen versehen. Wie die Parameter selbst hat auch die Scanstrategie Einfluss auf den Prozess. Nach der Erzeugung der Scanpfade liegen die Geometriedaten in Form von Maschinencode vor, welcher jede einzelne Aktion der Anlage beschreibt. Die Dateiformate sind hierbei meist anlagenspezifisch codiert. Häufig werden Maschinencode und Schichtdaten aber in proprietären Dateiformaten gebündelt [14].

2.2.3 Datenmodell

Für die Handhabung von 3D-Daten in der Additiven Fertigung ist der Datenfluss von großem Interesse (Abbildung 2-6). Geometriedaten können auf unterschiedlichste Weise erzeugt werden. Herkömmlicherweise beginnt die Erstellung eines Bauteils mit einem technisch-mentalen Modell, welches der Konstrukteur auf Basis gegebener Anforderungen und seiner Erfahrung und Kreativität erstellt. Für die Dimensionierung wird ebenfalls auf Erfahrungen und Abschätzungen zurückgegriffen und schließlich numerisch validiert, ob die Anforderungen erfüllt werden oder die Konstruktion gegebenenfalls angepasst werden muss. Das CAD-Modell liegt im Regelfall als Volumenmodell vor und wird für die Additive Fertigung zunächst in ein Netzmodell überführt. Im Zuge der Datenvorbereitung wird die Baujobzusammenstellung, Bauteilorientierung, -positionierung und Verbindung mit der digitalen Bauplattform durch Stützkonstruktionen vorgenommen [26]. Die zusammengestellten Netzdaten werden dem Slicing unterzogen und als maschinentaugliche Daten an den Bauprozess übergeben.

Abgesehen von der konventionellen Konstruktion haben sich neue Methoden zur Erzeugung von 3D-Datensätzen entwickelt. So kann ausgehend von einem physischen Modell, Bauteil oder Patienten durch oberflächliche oder durchdringende 3D-Scans ein Abbild in Form einer Punktewolke erzeugt werden. Um die Punktewolke als Bauteil nutzen zu können, erfolgt eine Rekonstruktion der Datenpunkte zu einem volumetrischen Modell in Netzform. Hierbei werden innenliegende Punkte und Artefakte gefiltert und benachbarte

Punkte mit Dreiecksflächen verbunden, vernetzt und repariert, bis sich ein vollständig geschlossenes Modell ergibt, welches für die Fertigung genutzt werden kann. Das Haupteinsatzgebiet besteht in der Anfertigung individueller Dentalprodukte, Prothesen, der Ersatzteilfertigung und dem Soll-Ist-Vergleich in der Qualitätssicherung [26].

Neben diesen hochgradig manuellen Konstruktionsprozessen haben sich in der Additiven Fertigung auch algorithmengestützte Designmethoden etabliert. Das bekannteste Beispiel für Generatives Design ist die Topologieoptimierung, deren Datenfluss in Abbildung 2-6 ebenfalls repräsentativ dargestellt ist. Hierbei wird ein geometrischer Designbereich vorgegeben und mit Randbedingungen beaufschlagt. Durch FE-Simulation (FEM - Finite Elemente Methode) wird das Ergebnis hinsichtlich der Zielfunktion - beispielsweise Massenreduktion bei hoher Struktursteifigkeit - bewertet und Elemente des Designbereichs entfernt oder manipuliert, wenn diese der Zielfunktion nicht dienlich sind. Nach vielfachen Iterationen ergibt sich ein Rohmodell in Gestalt der noch vorhandenen Elemente. Die Ergebnisse können jedoch nicht direkt gedruckt werden, sondern bedürfen einer Nachkonstruktion, welche wiederum mittels FE-Analyse validiert werden muss [26, 28].

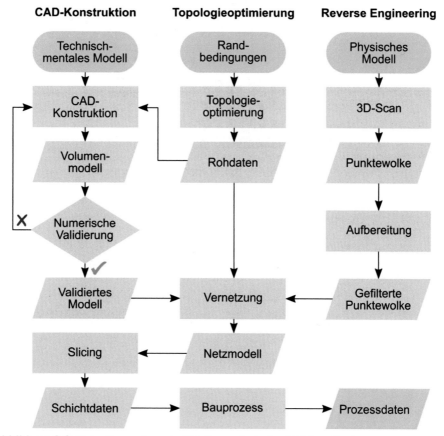

Abbildung 2-6: Datenfluss entlang der Prä-Prozesskette der Additiven Fertigung

2.3   Physikalische Grundlagen von Kühlkörpern

Kühlkörper dienen zur Übertragung von Energie einer Wärmequelle an die Umwelt [21]. Bei leistungsfähiger Elektronik wie Computerchips oder LEDs muss diese Übertragung häufig auf begrenztem Raum erfolgen [20, 54]. Selbst effiziente LEDs besitzen lediglich einen Wirkungsgrad von 25 - 35 %, die übrige eingespeiste Energie wird in Wärme umgewandelt [20].

Durch den Betrieb elektronischer Bauteile bei erhöhten Temperaturen entstehen thermische Alterungseffekte, welche die Lebensdauer stark vermindern [20, 54]. Der Einsatz von Wärmesenken ist unerlässlich, um den dauerhafter Betrieb sicherzustellen [54, 55].

In dieser Funktion unterliegen Kühlkörper wechselwirkenden Mechanismen der Wärmeübertragung und Strömungsmechanik. Hier sind namentlich Wärmeleitung, Wärmestrahlung und Konvektion zu nennen (Abbildung 2-7). Während Wärmestrahlung und -leitung hauptsächlich von den herrschenden Temperaturen und der Materialbeschaffenheit beeinflusst werden, steht die Konvektion in starker Wechselwirkung mit dem interagierenden Medium [56]. Die grundlegenden Begriffe und ihre Bedeutung für Kühlkörper werden im Folgenden erläutert.

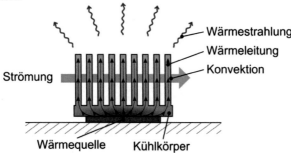

Abbildung 2-7: Wärmeübertragungsmechanismen an einem Kühlkörper

2.3.1   Wärmeübertragung

Die Grundlagen der Wärmeübertragung sind im Wärmeatlas des VDI (Verein Deutscher Ingenieure) [56] hinreichend beschrieben und alle relevanten Informationen hier zusammengefasst. Nach dem ersten Hauptsatz der Thermodynamik kann Energie über die Grenzen eines Systems nur in Form von Arbeit, Wärme oder massegebundener Energie transportiert werden.

$$\Delta E = W + Q + E_m \tag{1}$$

ΔE Energiedifferenz

W Arbeit

Q Wärme

E_m Massegebundene Energie

An Kühlkörpern wird in der Regel weder Arbeit verrichtet noch Masse aufgenommen oder abgegeben. Die Energie wird also ausschließlich in Form von Wärme übertragen. Nach dem zweiten Hauptsatz wird die Wärme stets in Richtung abnehmender Temperatur transportiert. Die übertragende Wärmemenge je Zeiteinheit wird als Wärmestrom bezeichnet:

$$\dot{Q} = \frac{dQ}{dt} \tag{2}$$

$\dot{Q}$ Wärmestrom

t Zeit

Bezogen auf eine übertragende Oberfläche wird von der Wärmestromdichte gesprochen:

$$\dot{q} = \frac{d\dot{Q}}{dA} \tag{3}$$

$\dot{q}$ Wärmestromdichte

A Oberfläche

Im Umkehrschluss berechnet sich der richtungsabhängige Wärmestrom durch eine Integration über die Systemgrenze.

$$\dot{Q} = \int_A \vec{q}\, dA \tag{4}$$

Dieser Wärmestrom kann auf drei unterschiedliche Arten übertragen werden.

Wärmeleitung

Wärmeleitung findet innerhalb eines Stoffes durch Interaktion unter Molekülen statt, zwischen denen ein Temperaturgradient herrscht. Dies gilt gleichermaßen für Festkörper, Flüssigkeiten und Gase, auch wenn der Phasenzustand einen großen Einfluss auf den Grad der Molekülinteraktion hat. Wärmeleitung entsteht durch kinetische Stöße zwischen den Molekülen eines Stoffes. Metalle besitzen darüber hinaus freie Elektronen, welche ebenfalls zur Wärmeleitung beitragen und ihnen eine besonders hohe Wärmeleitfähigkeit verleihen. Diese Eigenschaften sind für jedes Material charakteristisch und können mit der Wärmeleitfähigkeit λ beschrieben werden. Die Wärmestromdichte in die Richtung x mit dem Temperaturgradienten T lautet entsprechend.

$$\dot{q}_\lambda = \lambda \cdot \frac{\partial T}{\partial x} \qquad (5)$$

$\dot{q}_\lambda$ Wärmestromdichte der Wärmeleitung

λ Wärmeleitfähigkeit

T Temperatur

x Richtung

Bei isotropen Materialien, bei denen die Wärmeleitfähigkeit in allen Raumrichtungen denselben Wert besitzt, kann die richtungsabhängige Wärmestromdichte über den Temperaturgradienten beschrieben werden, wobei die Richtungen der Wärmestromdichte und des Temperaturgradienten entgegengesetzt sind.

$$\vec{q} = -\lambda \cdot \nabla T \qquad (6)$$

Für die Anwendung auf Kühlkörper ist primär die materialspezifische und temperaturabhängige Wärmeleitfähigkeit des verwendeten Materials relevant. Diese wird daher in Abschnitt 4.1 charakterisiert.

Wärmestrahlung

Wärmestrahlung bezeichnet den Anteil der Energie, der nach dem Planckschen Strahlungsgesetz in Form von elektromagnetischer Strahlung von jedem Körper emittiert wird. Nach diesem Gesetz emittiert jeder Körper mit einer Temperatur über dem absoluten Nullpunkt Wärmestrahlung. Die Menge der von einem Körper abgegebenen Strahlung ist in hohem Maß abhängig von seiner Oberflächentemperatur und -beschaffenheit. Für einen schwarzen Körper, also einem Körper mit der maximalen Emissivität, beschreibt das Stefan-Boltzmann-Gesetz diesen Zusammenhang.

$$\dot{e}_s = \sigma \cdot T^4 \qquad (7)$$

$\dot{e}_s$ Energiestromdichte der Wärmestrahlung

σ Stefan-Boltzmann-Konstante

Bei realen grauen Strahlern muss der temperaturabhängige Emissionsgrad ε in die Gleichung mitaufgenommen werden. Der Emissionsgrad hängt vom Material und seiner Oberflächenbeschaffenheit ab und liegt zwischen 0 und 1.

$$\dot{q}_s = \varepsilon \cdot \sigma \cdot T^4 \qquad (8)$$

$\dot{q}_s$ Wärmestromdichte der Wärmestrahlung

ε Emissionsgrad

Bezogen auf einen Kühlkörper ist die Wärmestrahlung vernachlässigbar klein. Nach dem Kirchhoffschen Gesetz berechnet sich die Gesamtwärmebilanz eines grauen Strahlers beim Wärmeaustausch mit einer Umgebung wie folgt.

$$\dot{Q} = \varepsilon \cdot \sigma \cdot A \cdot \left(T_S{}^4 - T_U^4\right) \tag{9}$$

T_S Oberflächentemperatur des Strahlers

T_U Umgebungstemperatur

Konvektion

Als Konvektion wird der Wärmetransport in Verbindung mit einem strömenden Medium bezeichnet. Da der konvektive Wärmetransport nicht nur von Materialeigenschaften, sondern auch von Prozessparametern wie Strömungsgeschwindigkeit und -form abhängt, ist er deutlich schwieriger zu bestimmen als der Anteil der Wärmestrahlung oder -leitung.

Allgemein wird zwischen freier und erzwungener Konvektion unterschieden. Der Wärmetransportmechanismus der freien Konvektion basiert auf temperaturbedingten Dichteunterschieden des Fluids, welche Auftrieb verursachen, das Fluid in Bewegung versetzen und dabei Wärmeenergie abführen. Bei erzwungener Konvektion hingegen wird die Strömung durch äußere Einflüsse wie beispielsweise Wind, einem Ventilator oder einer Pumpe hervorgerufen.

Analog zur Wärmeleitung wird in der Praxis der Wärmeübergangskoeffizient α genutzt, um die Wärmestromdichte in Abhängigkeit von der Temperaturdifferenz zwischen Fluid und Festkörper zu benennen.

$$\dot{q}_\alpha = \alpha \cdot (T_W - T_F) \tag{10}$$

$\dot{q}_\alpha$ Wärmestromdichte der Konvektion

α Wärmeübergangskoeffizient

T_W Temperatur der Wand

T_F Temperatur des Fluids

Der Wärmeübergangskoeffizient hängt von der Geometrie und Rauheit der angeströmten Wand, aber auch von temperaturabhängigen Materialkennwerten des Fluids sowie Prozessparametern der Strömung, ab. Der Koeffizient ist daher nicht ohne Weiteres allgemeingültig analytisch zu bestimmen. Es existieren lediglich empirische Modelle für eine Reihe von einfachen Anwendungsfällen. Für komplexere Anwendungen ist eine numerische oder experimentelle Betrachtung der Strömungsbedingungen unvermeidlich. Für praktische Anwendungen hat sich der Wärmeübergangskoeffizient jedoch als hilfreiche Größe herausgestellt und liegt bei erzwungener Konvektion von Gasen im Bereich von 25 - 250 W·m^{-2}·K^{-1}.

Abbildung 2-8 zeigt die Strömungsgrenzschicht (links) und thermische Grenzschicht (rechts) einer angeströmten heißen Wand. In diesen Bereichen treten die größten Geschwindigkeits- und Temperaturgradienten auf und es ist ersichtlich, dass weiter entfernte Bereiche kaum mehr Einfluss auf die Wärmeübertragung besitzen.

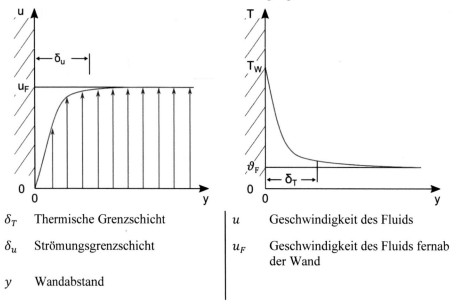

δ_T	Thermische Grenzschicht	u	Geschwindigkeit des Fluids
δ_u	Strömungsgrenzschicht	u_F	Geschwindigkeit des Fluids fernab der Wand
y	Wandabstand		

Abbildung 2-8: Grenzschichten einer angeströmten Wand *(nach [56])*

Auch wenn der Einfluss der Wärmeleitfähigkeit innerhalb eines Kühlkörpers nicht unerheblich ist, um die Energie effektiv von der Quelle abzutransportieren, so ist die Konvektion maßgeblich für den Abtransport der Wärmenergie verantwortlich.

2.3.2 Strömungsmechanik

Die Strömungsmechanik beschreibt das Verhalten von Gasen und Flüssigkeiten (Fluide) unter inneren und äußeren Einflüssen. Für die Wärmeübertragung ist diese Vorhersage unerlässlich, um die resultierende Konvektion und davon abhängende Wärmeleitungsprozesse ableiten zu können.

Das Verhalten einer Strömung kann durch die Navier-Stokes-Gleichungen beschrieben werden. Sie fassen die Impulsgleichung, Kontinuitätsgleichung und die Energiegleichung zusammen. Für die Numerik kann aus diesen Gleichungen ein System nichtlinearer partieller Differentialgleichungen gebildet und gelöst werden.

Die Kontinuitätsgleichung (11) beschreibt den Sachverhalt der Massenerhaltung. Die Bilanz der Massenströme eines betrachteten Systems muss demnach stets ausgeglichen sein [57]. Bei inkompressiblen Medien sind die Massenströme mit der Geschwindigkeit gleichzusetzen.

$$\nabla \cdot \vec{u} = 0 \tag{11}$$

u Strömungsgeschwindigkeit

Die Impulsgleichung (12) leitet sich aus den Newtonschen Axiomen ab und besagt, dass die Bilanz der Impulse eines mechanisch geschlossenen Systems ausgeglichen sein muss [57]. Sie stellt eine Kräftebilanz über die internen und externen Kräfte eines Systems dar. Die resultierende Kraft steht hierbei auf der linken Seite, während die inneren Druck- und Reibungskräfte sowie äußeren Kräfte, wie beispielsweise die Schwerkraft, auf der rechten Seite stehen. Bei inkompressiblen Newtonschen Fluiden lautet die Gleichung wie folgt.

$$\rho \left(\frac{\partial \vec{u}}{\partial t} + (\vec{u} \cdot \nabla)\vec{u} \right) = \nabla \cdot [-p + \eta(\nabla\vec{u} + (\vec{u})^T)] + \vec{f} \tag{12}$$

ρ Dichte

p Druck

η Dynamische Viskosität

f Äußere Kräfte

Laminare Strömungen lassen sich hinreichend mit den Navier-Stokes-Gleichungen beschreiben. Bei der Ausbildung turbulenter Strömung kommt es zu zeit- und ortsabhängigen Fluktuationen der Strömungsgrößen Geschwindigkeit, Druck, Dichte und Viskosität [58]. Aufgrund dieses Umstandes kann keine stationäre Berechnung mittels Navier-Stokes mehr erfolgen und der rechnerische Aufwand steigt stark an, sodass technisch relevante Probleme nicht mehr in vertretbarer Zeit gelöst werden können [59]. Abhilfe schaffen vereinfachende Modelle, welche Turbulenzen nicht exakt auflösen, sondern verallgemeinern. Ein Beispiel sind die Reynolds-gemittelten Navier-Stokes-Gleichungen (RANS - Reynolds-Averaged Navier-Stokes Equations) [58]. Die fluktuierenden Größen werden hierbei aufgeteilt in einen Mittelwert und einen fluktuierenden Wert [58]. Am Beispiel der Strömungsgeschwindigkeit ergibt sich für ein Zeitintervall Δt:

$$u_i(\mathrm{x}, \mathrm{t}) = U_i(x, t) + u_i'(x, t) \tag{13}$$

U Zeitgemittelte Strömung

u' Fluktuierender Strömungsanteil

Die gemittelte Strömung unterliegt zwar dennoch einer zeitlichen Abhängigkeit, weist jedoch keinerlei abrupte Änderungen mehr auf und erlaubt eine deutlich effizientere Berechnung des Problems (Abbildung 2-9).

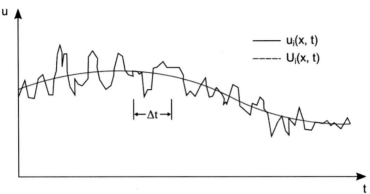

Abbildung 2-9: Filterung zur Lösung der Reynolds-Gleichungen (nach [58])

Unter Vernachlässigung von Dichte- und Viskositätsschwankungen wird die Impulsgleichung entsprechend um die fluktuierenden Terme erweitert.

$$\rho\left(\frac{\partial \vec{U}}{\partial t} + (\vec{U} \cdot \nabla)\vec{U}\right) + \nabla \cdot \overline{(\rho \vec{u}' \times \vec{u}')} = \nabla \cdot \left[-P + \eta\left(\nabla \vec{U} + (\vec{U})^T\right)\right] + \vec{f} \qquad (14)$$

P Zeitgemittelter Druck

u' Schwankender Anteil

Um die zusätzlich auftretenden fluktuierenden Anteile lösen zu können, muss ein geeig-
netes Turbulenzmodell gewählt werden. Die meisten in der Natur auftretenden Strömungen sind turbulent und zeichnen sich durch die bereits angesprochenen Schwankungen in
den Strömungsgrößen aus [57]. Eine der wichtigsten dimensionslosen Kenngrößen zur
Abschätzung der Strömungsform ist die Reynoldszahl (Re). Diese beschreibt das Verhältnis von Trägheits- zu Zähigkeitskräften [57]. Hierbei gehen die Dichte ρ des Fluids, dessen Geschwindigkeit u und die dynamische Viskosität η in die Gleichung ein. Des Weiteren wird die charakteristische Länge d zur Skalierung der Effekte eingeführt. Hierbei
kann es sich beispielsweise um Rohrdurchmesser oder Länge eines Flügelprofils handeln
[60].

$$Re = \frac{Trägheitskräfte}{Viskosität} = \frac{\rho \cdot u \cdot d}{\eta} \qquad (15)$$

Re Reynoldszahl

d Charakteristische Länge

Bei einer kleinen Reynolds-Zahl verhalten sich Strömungen laminar und strömende Partikel können näherungsweise durch zusammenhängende Stromlinien abgebildet werden
[57, 60]. Bei steigender Reynolds-Zahl folgt ein Übergangsbereich, indem die Strömung
von laminar zu turbulent wechselt [60]. Im Stromlinienmodell zerfasern die Stromlinien
bedingt durch Querimpulse und es kommt zur Bildung von Strudeln. Der Übergang zwi-

schen laminar und turbulent ist nicht abrupt, sondern breit. Daher ist auch die Reynoldszahl mit dem vagen Parameter der charakteristischen Länge als Größenordnung zu verstehen. Wie in Abbildung 2-10 zu sehen ist, nimmt auch die Dicke der Grenzschicht und der
Energieaustausch zu [57, 59].

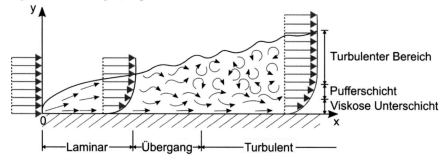

Abbildung 2-10: Ausbildung von turbulenter Strömung bei einer angeströmten Wand (nach [59])

Die Modellierung dieser Grenzschicht stellt eine besondere Herausforderung dar und wird
in der Grenzschicht-Theorie diskutiert [61]. Je nach Anwendung kann ein anderes Turbulenzmodell besser oder schlechter geeignet sein. Algebraische Modelle verwenden das
Strömungsfeld und den Abstand zur nächstgelegenen Wand, um die Grenzschicht mit ana-
lytischen Ausdrücken anzunähern und sind daher weniger rechenintensiv als alternative
Modelle und darüber hinaus sehr robust [58, 59]. Sie sind weniger genau und sensibel,
liefern aber eine gute Annäherung bei Kühlung von Elektronikkomponenten [59]. Ein Beispiel ist das algebraische yPlus Modell, das auf der Prandtlschen Mischungsweghypothese
basiert und die Wandfunktion mit mehreren Ausdrücken in Abhängigkeit zum Wandab-
stand definiert [58].

2.3.3 Wärmewiderstand

Der Wärmewiderstand stellt eine Analogie zu elektrischen Widerständen dar und be-
schreibt, wie effektiv Wärme durch ein Kühlkörpersystem abtransportiert wird. In der Pra-
xis hat sich der Wärmewiderstand als eine gut handhabbare Größe herausgestellt, um die
Leistung eines Kühlkörpers zu beschreiben. Allerdings existiert keine international gültige
Norm, welche die Bestimmung des Wärmewiderstands verbindlich regelt, sodass eigene
Messmethoden herangezogen werden müssen [10].

Entsprechend der Analogie zum elektrischen Widerstand kann das Ohmsche Gesetz zur
Berechnung des Gesamtwiderstandes genutzt werden, der sich aus den Einzelwiderständen des Systems zusammensetzt [10, 62].

$$R_{ges} = \sum_i R_i \tag{16}$$

R_{ges} Gesamtwiderstand

R_i Einzelwiderstand

Bei einer Parallelschaltung mehrerer Verbraucher am selben Kühlkörper greift ebenfalls
das Ersatzbild parallelgeschalteter elektrischer Widerstände.

$$R_{ges} = \left(\sum_i R_i^{-1} \right)^{-1} \tag{17}$$

Für einen einfachen Kühlkörper mit einem einzelnen Verbraucher (Abbildung 2-11) kann das Ersatzbild einer Reihenschaltung herangezogen werden.

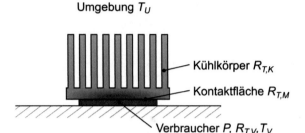

Abbildung 2-11: Wärmewiderstände an einem Kühlkörper

Der Gesamtwiderstand setzt sich zusammen aus den Einzelwiderständen von Kühlkörper, Kontaktfläche und internem Widerstand des Verbrauchers. Dieser wird mit der elektrischen Leistung des Verbrauchers sowie der Temperaturdifferenz zwischen Verbraucher und Umgebung ins Verhältnis gesetzt.

$$R_T = R_{T,K} + R_{T,V} + R_{T,M} = \frac{T_V - T_U}{P} \tag{18}$$

$R_{T,K}$	Wärmewiderstand des Kühlkörper
$R_{T,V}$	Wärmewiderstand des Verbrauchers
$R_{T,M}$	Wärmewiderstand der Kontaktfläche
T_V	Temperatur des elektrischen Verbrauchers
T_U	Umgebungstemperatur
P	Elektrische Leistung

Die elektrische Leistung ist hierbei das Produkt aus Spannungsabfall über dem Verbraucher sowie der herrschenden Stromstärke, welche messbare Größen darstellen.

$$P = U \cdot I \tag{19}$$

U	Spannung
I	Stromstärke

Der interne Widerstand des Verbrauchers wird in der Regel auf dem Datenblatt der elektrischen Komponente angegeben, beispielsweise 0,48 $K \cdot W^{-1}$ für einen Leistungstransistor [62]. Der Wärmewiderstand eines Kühlkörpers ist hingegen abhängig von der Einsatzsituation. Unter freier Konvektion stellt sich per Definition ein größerer Widerstand ein als unter erzwungener Konvektion in einem Fluidstrom. Auch die Strömungsrichtung und -form ist entscheidend. Daher kann keine pauschale Aussage über den Wärmewiderstand einer Komponente gemacht werden. Häufig wird auf den minimal erzielbaren Wärmewiderstand bei einer bestimmten Strömungsgeschwindigkeit verwiesen. Im Folgenden dient dieser Wert als Maß für die Leistungsfähigkeit einer bestimmten Kühlkörpervariante.

3 Methodisches Vorgehen

Auf Grundlage des Stands der Technik (Kapitel 2) kann der Forschungsbedarf identifiziert werden. Hierzu gehört die Betrachtung kommerzieller Lösungen sowie verwandter Forschungsergebnisse, um die Ziele der Arbeit zu definieren und diese zu strukturieren.

Die steigenden Anforderungen an elektronische Produkte gehen mit kompakten Designs einher, die konventionelle Kühlkörper an ihre Grenzen bringen [6]. Es wurde vielfach gezeigt, dass Additive Fertigungsverfahren genutzt werden können, um kompakte und leistungsfähige Kühlkörper zu erzeugen. Bei Kühlkörpern handelt es sich in der Regel um kleine, jedoch komplexe Bauteile, die einen hohen Nutzen im Vergleich zu ihren Herstellkosten aufweisen und daher ideal für die Additive Fertigung geeignet sind.

Dem Einsatz maßgeschneiderter Kühlkörper stehen neben den Herstellkosten auch Aufwände durch Individualisierung mittels Designanpassung und numerische Validierung entgegen. Aufgrund dieser Hemmnisse werden individuelle Lösungen nur selten in Betracht gezogen und es wird stattdessen auf Standardlösungen zurückgegriffen. Das Potential des Kühlkörpers wird hierbei nicht vollständig ausgeschöpft. Um diese Hürden abzubauen, muss die Zugänglichkeit zu Konstruktionsrichtlinien und -methoden sowie zu prozessbedingten Kostenmodellen und Materialkennwerten erleichtert werden. Darüber hinaus kann die Funktionalität in Form des Wärmewiderstands nur durch eine nicht-isotherme Strömungssimulation oder experimentell quantifiziert werden. All diese Maßnahmen können lediglich durch einen hohen Automatisierungsgrad ökonomisch realisiert werden.

Im Folgenden werden zunächst kommerziell verfügbare Kühlkörper betrachtet (Abschnitt 3.1). Des Weiteren werden die relevantesten wissenschaftlichen Veröffentlichungen im Bereich additiv gefertigter Kühlkörper evaluiert, um den Stand der Forschung darzustellen (Abschnitt 3.2). Zur Automatisierung wird eine Software benötigt, auf der für die Entwicklung aufgebaut werden kann. In Abschnitt 3.3 werden verfügbare Softwarelösungen im Bereich des Generativen Designs mit Simulationsschnittstelle hinsichtlich ihrer Eignung bewertet. Anhand dieses Kenntnisstandes wird der Forschungsbedarf identifiziert, die konkrete Zielsetzung definiert und die notwendigen Schritte zur Erfüllung derselben zusammengefasst (Abschnitt 3.4).

3.1 Kommerzielle Kühlkörper

Kommerzielle Kühlkörper sind in unzähligen Varianten verfügbar und unterscheiden sich teilweise drastisch in ihrer Leistungsfähigkeit und ihrem Preis. Die einfachste Form eines Elektronik-Kühlkörpers ist die Platine selbst, auf der das zu kühlende Element verbaut ist. Auch das Gehäuse der Elektronikkomponente wird bei vielen Anwendungen als Wärmesenke genutzt. Für gezieltere Abfuhr größerer Wärmemengen werden Kühlkörper eingesetzt. Diese lassen sich vereinfacht nach dem Herstellverfahren einordnen [63].

Tabelle 3-1: Einordnung kommerzieller Kühlkörper nach primärem Herstellungsverfahren

Trennen

Die kostengünstigsten Formen von Kühlkörpern stellen gestanzte oder geschnittene Bleche dar. Hierfür werden Metallbleche als Halbzeug genutzt, um eine Grundform zu bilden. Hierbei können bereits Kühlelemente, wie Rippen oder Finnen, vorgesehen sein. Der Kühlkörper wird in der Regel anschließend umgeformt, um eine dreidimensionale Geometrie zu erhalten. Der Prozess lässt sich ausgezeichnet automatisieren und ist kostengünstig, doch ist die Leistungsfähigkeit der erzeugten Bauteile vergleichsweise gering.

Strangpressen

Eine der häufigsten Herstellungsmethoden besteht in der Extrusion von Profilen. Einzelne Strangkühlkörper werden aus dem extrudierten Material geschnitten. Auf diese Weise können gleichartige Kühlkörper in hoher Stückzahl produziert werden. Die Herstellkosten sind entsprechend gering, jedoch ist eine Designvariation ohne neues Matrizen-Werkzeug nur durch die Anpassung der Länge möglich. Die Bauform von Strangkühlkörpern reicht jedoch von einfachen U-Profilen bis hin zu mehrfach verzweigten Querschnitten. Der Wärmewiderstand dieses Kühlkörpertyps kann entsprechend stark variieren.

Fügen

Bei gefügten Kühlkörpern werden mehrere Kühlelemente, wie Pins, Finnen oder Stege, mit einem Grundkörper verbunden. Hierbei sind auch Materialkombinationen möglich. Durch den vergleichsweise aufwendigen Fertigungsprozess - Fertigung des Grundkörpers, Fertigung der Kühlelemente und Fügen - ist dieser Kühlkörpertyp vergleichsweise kostenintensiv in der Herstellung, weist jedoch gute bis sehr gute Kühleigenschaften auf.

Schälen

Dünne Lamellen sind durch ihr großes Verhältnis von Oberflächen zu Volumen gut geeignet, um Wärme konvektiv abzuführen. Das Fügen der dünnen Bleche ist jedoch aufwendig. Für die Herstellung von Lamellenkühlkörpern hat sich das Schälen als effizient erwiesen. Hierbei wird mit einer Klinge in einem steilen Winkel in solides Material gefahren und eine Lamelle aus dem Material geschält und aufgerichtet. Der Vorgang wird in linearen Schritten wiederholt und eine Vielzahl von parallelen, dünnwandigen Lamellen gebildet. Als Material bieten sich aufgrund der guten Umformbarkeit und Wärmeleitfähigkeit Kupferlegierungen an. Hierdurch entstehen hohe Materialkosten und hohes Bauteilgewicht. Ein weiterer großer Nachteil von Lamellenkühlkörpern besteht in der starken Richtungsabhängigkeit in Relation zum kühlenden Luftstrom. Eine Gestaltvariation ist lediglich durch die Veränderung der Dicke und des Abstands der Lamellen möglich.

Weitere Bauformen umfassen geschmiedete, druckgegossene oder gefräste Kühlkörper. Schmieden und Druckgießen erlauben eine kostengünstige Serienfertigung, die Geometrie ist jedoch durch die verwendeten Werkzeuge stark eingeschränkt [63]. Das Fräsen ermöglicht die Herstellung maßgeschneiderter, geometrisch komplexer und passgenauer Lösungen, geht jedoch mit hohen Stückkosten einher [63]. Lee [64] ordnete die Kühlkörper der wichtigsten Kategorien hinsichtlich ihrer Kosten und Wärmewiderstände ein (Abbildung 3-1).

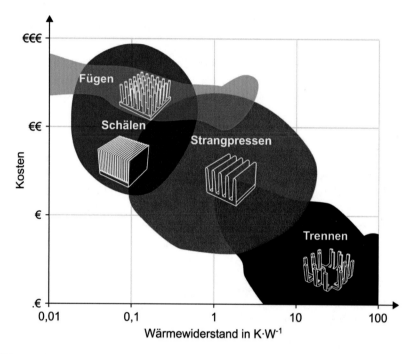

Abbildung 3-1: Vergleich kommerziell verfügbarer Kühlkörpertypen hinsichtlich ihrer Herstellkosten und korrespondierenden Wärmewiderständen (nach [64])

Allen Typen ist gemein, dass Anpassungen nur in geringem Maße möglich sind. Neue Designs erfordern eine Anpassung von Werkzeugen und CAM (Computer-Aided Manufacturing), die sich nur über eine hohe Stückzahl amortisieren lassen. Eine Designautomatisierung ist demnach nur durch Fräsen oder AM möglich, wobei sich beim Zerspanen das aufwendige CAM negativ auf die Kostenbetrachtung auswirkt. Für individuelle Kühlkörper ab Stückzahl eins ist die Additive Fertigung folglich die einzige Option. Bei größeren Stückzahlen sind jedoch meist die konventionellen Verfahren und die zugehörigen Designs zu bevorzugen, da hier die geringen Herstellkosten die etwaigen Vorteile der Additiven Fertigung in der Regel aufheben.

3.2 Wissenschaftliche Betrachtungen

In der Literatur findet sich eine Vielzahl von Abhandlungen, die additiv gefertigte Wärmeübertrager behandeln. Durch die hohe Gestaltungsfreiheit und die kosteneffiziente Fertigung bei prototypischer Stückzahl ist Metall AM, und insbesondere das LBM-Verfahren, interessant für die Erforschung neuartiger simulationsgestützter Designmethoden. Die nachfolgenden Publikationen behandeln die Optimierung und Simulation von Kühlkörpern unter freier und erzwungener Konvektion.

Hein [11] entwickelte ein aktives Kühlaggregat bestehend aus Lüfter und Kühlkörper mit verzweigter Innenstruktur. Es wurde eine zweidimensionale Parameteroptimierung zur Bestimmung der optimalen verzweigten Kontur genutzt. Zusätzlich konnte Hein eine verbesserte Wärmeabfuhr erreichen, indem die Innenstruktur in Längsrichtung verdrillt und somit an das Strömungsfeld des Lüfters angepasst wurde. Verschiedene Kühlkörper aus der Legierung AlSi10Mg wurden mittels LBM hergestellt und die Leistung experimentell bewertet. Es konnte gezeigt werden, dass bei vergleichbarer Leistung eine signifikante Gewichtsersparnis erreicht werden kann.

Lange et al. [19] nutzten die zweidimensionale Topologieoptimierung zur Entwicklung eines Kühlaggregats und bauten dabei auf die Entwicklung von Hein [11] auf. Hierbei gingen die Autoren auf die Restriktionen und Randbedingungen der Laseradditiven Fertigung in Kombination mit Topologieoptimierung ein. Auch diese Kühlkörper wurden durch LBM hergestellt und analysiert, und sie erreichten eine weitere Leistungssteigerung gegenüber Hein.

Dede et al. [6] nutzten Topologieoptimierung der Wärmeleitfähigkeit und berücksichtigten die natürliche Konvektion in Form eines dichteabhängigen Wärmeübergangskoeffizienten. Auf diese Weise konnte auch ein dreidimensionaler Kühlkörper berechnet werden, welcher trotz der stark vereinfachenden Annahmen im Experiment ähnliche Leistungsmerkmale aufwies wie das gefräste Referenzbauteil.

Wong et al. [65] führten eine Reihe von Untersuchungen an unterschiedlichen Kühlkörperelementen unter erzwungener Konvektion durch, welche mittels LBM auf eine Substratplatte aufgebracht wurden. Namentlich wurden runde Stifte, rechteckige, abgerundete und ovale Wände sowie eine Gitterstruktur untersucht. Die Autoren konnten mit ihren Experimenten in einem Strömungskanal zeigen, dass Kühlelemente mit länglich-ovalem Querschnitt in diesem Anwendungsfall das beste Verhältnis aus Wärmeübertragung und Druckverlust aufwiesen.

Heartel et al. [66] vereinfachten die Problemstellung der Topologieoptimierung von Kühlelementen unter erzwungener Konvektion mittels laminarer Strömung durch ein Pseudo-3D-Modell bestehend aus einer thermisch leitenden Metallschicht und einer 2D-Thermofluidschicht, die als Designbereich diente. Für ein periodisches Modell konnten sowohl für die Minimierung des Wärmewiderstands als auch für die Minimierung des Druckverlusts tragflächenartige Querschnitte in unterschiedlicher Ausprägung als ideal identifiziert werden.

Yousfi et. al [67] untersuchten den Einfluss von Kühlelementen mit unterschiedlich stark ausgeprägter Wandschrägung. Hierfür führten Sie ein Aspektverhältnis aus Grund- und Deckfläche der Elemente ein. Es konnte festgestellt werden, dass angeschrägte Elemente den Druckverlust vermindern, gerade Elemente jedoch einen geringeren Wärmewiderstand aufweisen.

Lazarov et al. [20] konnten durch Topologieoptimierung eines LED-Kühlkörpers unter freier Konvektion numerisch und experimentell eine Steigerung der Kühlleistung gegenüber einem konventionellen Stiftkühlkörper erzielen. Der aus einer Aluminiumlegierung generierte Kühlkörper erhöhte die Lebensdauer der angeschlossenen LED deutlich. Es konnte demonstriert werden, dass eine größere Oberfläche nicht zwangsläufig zu einer höheren Kühlleistung führt, sondern auch die Strömung miteinbezogen werden muss.

Asmussen et al. [52] stellten fest, dass die Berechnungsdauer bei Topologieoptimierung von Kühlkörpern unter freier Konvektion signifikant verringert werden kann, indem ein vereinfachtes Modell für die Strömung herangezogen wird. Anstelle der Navier-Stokes-Gleichungen verwendeten Asmussen et al. für ihre Topologieoptimierung das Darcy-Gesetz für Strömung durch poröse Medien sowie die Boussinesq-Approximation. Da bei dieser speziellen Lösung der Navier-Stokes-Gleichung die viskosen Grenzschichten ignoriert werden, verringerte sich die Berechnungszeit signifikant.

Herbold [54] erörterte die Optimierung und Validierung von LED-Kühlkörpern unter freier Konvektion. Er betrachtete Kühlkörper mit 2D-verzweigter Struktur und optimierte die Anzahl und Form der Zweige. Anschließend wurde die Realisierbarkeit der Kühlkörper mittels Pulverspritzgießen zur kosteneffizienten Fertigung demonstriert. Herbold zeigte hierbei einen Mittelweg zwischen Additiver Fertigung und Strangpressen bezüglich Designfreiheit und Kosten auf.

Lei et al. [68] zeigten, dass topologieoptimierte Bauteile nicht direkt aus Metall gedruckt werden müssen, sondern auch im Feinguss hergestellt werden können. Als Zwischenschritt diente eine verlorene Form, welche mittels Stereolithografie erzeugt wurde.

Weitere Quellen beschäftigen sich mit der Optimierung von Kühlkörpern und werden im Folgenden anhand der geometrischen Ausprägung kategorisiert.

- Topologieoptimierung [6, 19, 20, 52, 66, 69–72]
- Spiralförmige Anordnung [73, 74]
- Radiale Wandanordnung [75–77]
- Verzweigte Extrusion [11, 19, 54, 78]
- Runde Pins [21, 65, 67, 79]
- Tragflächenförmige Finnen [21, 65, 66]
- Rechteckige Wände [21, 65, 67]
- Gitterstrukturen [65]

Publikationen zur Entwicklung von Optimierungsmethoden für die Gestaltung von Kühlkörpern unter erzwungener Konvektion sind nicht bekannt. Auch finden sich lediglich einfache Ansätze für die Variation der Kühlelemente, welche sich der Parameteroptimierung zuordnen lassen. Diesbezügliche Softwareentwicklungen finden im wissenschaftlichen Kontext ebenfalls keine Erwähnung.

3.3 Softwarewerkzeuge

Zum Zeitpunkt der Anfertigung dieser Arbeit ist keine Software bekannt, welche den Designprozess für Kühlkörper und die Potentialabschätzung für die Additive Fertigung vollständig abbilden kann. Es existieren hingegen isolierte Softwarelösungen für Generatives Design, multiphysikalische Simulation und Kostenberechnung.

Im Generativen Design von funktionellen Bauteilen muss stets eine Kopplung zu einer physikalischen Simulation erfolgen, um die Validität einer Konstruktionsvariante zu bewerten. In vielen Bereichen wird Generatives Design mit mechanischer Topologieoptimierung gleichgesetzt. Im vorliegenden Anwendungsbeispiel muss hingegen sowohl Geometriegenerierung als auch nicht-isotherme Strömungssimulation miteinander gekoppelt werden, was nach Auswertung der wissenschaftlichen Betrachtungen (Abschnitt 3.2) nicht ohne Weiteres mit Topologieoptimierung zu vereinbaren ist.

Rhinoceros 3D (Rhino) [80] ist eine 3D-Designsoftware, welche besonders gut für die Modellierung von Freiformflächen geeignet ist. Durch das native Plugin Grasshopper existiert eine grafische Programmierebene, durch welche Generatives Design ermöglicht wird. Ähnlich einem Ablaufdiagramm werden digitale Objekte mittels Komponenten modifiziert, weiter- und umgeleitet. Eingangs- und Ausgangsgrößen können hierbei primitive Zahlentypen, boolesche Ausdrücke oder geometrische Objekte wie Kurven, Oberflächen, Volumenkörper und Netze sein. Durch Manipulation der Eingangsgrößen können komplexe Berechnungsschritte ausgelöst und eine Vielzahl einzigartiger Ergebnisse erzeugt und bewertet werden. Einige Komponenten bzw. Plugins erlauben die Kopplung an numerische Solver, jedoch sind diese weitestgehend auf mechanische Probleme beschränkt. Ausnahmen bilden einige Plugins, die Initialdateien für die OpenFOAM Toolbox erzeugen, um auch Fluidsimulationen durchführen zu können. Die Anwendungen konzentrieren sich jedoch auf Strömungsprobleme in der Architektur und sind nicht auf Kühlkörper anwendbar. Explizite Werkzeuge zur Kostenberechnung sind nicht gegeben, lassen sich jedoch in der Grasshopper-Skriptumgebung realisieren.

Autodesk Fusion 360 [40] bietet eine große Bandbreite von Funktionen, zu denen auch die cloudbasierte mechanische Topologieoptimierung gehört. Es können unter Berücksichtigung der verfügbaren Fertigungstechnologien wie Schneiden, Fräsen, Gießen und AM eine Vielzahl von Designvarianten erzeugt und hinsichtlich ihrer Simulationsergebnisse und prognostizierten Herstellkosten bewertet werden. Die Verwendung thermischer und fluidmechanischer Randbedingungen im Kontext des Generativen Designs scheint bis dato nicht möglich.

Die ParaMatters Plattform [81] erlaubt neben der rein mechanischen Topologieoptimierung auch die Topologieoptimierung von Wärmeleitfähigkeit und Multimaterialkombinationen sowie Generierung von dichtebasierten Mesostrukturen. Thermische oder strömungsmechanische Problemstellungen sowie Kostenbetrachtung werden nicht adressiert.

Altair OptiStruct [82] als Teil der Hyperworks Suite ermöglicht Generatives Design auf Basis von Topologie-, Form- und Parameteroptimierung. Auch thermomechanische oder strömungsmechanische Interaktionen lassen sich simulieren. Andere Komponenten der Suite erlauben auch die Einschätzung der Herstellkosten. Der Fokus der Software liegt jedoch in der Mechanik und Akustik.

Siemens PLM [42] und MSC Apex Generative Design [43] bieten mechanische Topologieoptimierung unter Berücksichtigung bzw. Überprüfung auf Einhaltung von Restriktionen der Additiven Fertigung. Für den vorliegenden Anwendungsfall erscheinen sie jedoch weniger geeignet.

Bei COMSOL Multiphysics [83] handelt es sich um eine Simulationssoftware für eine große Bandbreite an isolierten oder gekoppelten physikalischen Anwendungen. Neben der Simulationsfunktionalität existiert die Möglichkeit zur Programmierung von Apps zur vereinfachten Bedienung von Simulationsanwendungen. Topologieoptimierung nach verschiedenen physikalischen Aspekten ist ebenfalls möglich. Die integrierten Geometriewerkzeuge sind hingegen nur bedingt für das Generative Design geeignet. Auch die Export- und Importmöglichkeiten sind beschränkt. Eine Kostenbetrachtung ließe sich hingegen über eine App realisieren.

OpenFOAM [84] ist eines der bekanntesten Open-Source Frameworks für Fluidsimulationen. Es beinhaltet unter anderem eine Reihe von Funktionalitäten zur Modellierung von laminarer und turbulenter Strömung, Thermomechanik und Wärmetransportproblemen.

Auch einfache Netzgeneratoren sind enthalten. Jedoch gibt es keine Möglichkeit, komplexe Geometrien zu erzeugen und individuell zu vernetzen.

SimScale [85] nutzt Solver des OpenFOAM Frameworks für die cloudbasierte Berechnung von Strömungs-Modellen mittels Webbrowser-Client. Die Geometrieerzeugung erfolgt wie bei OpenFOAM extern oder über Schnittstellen zu Drittanbietersoftware. Eine Programmierschnittstelle für Anwender ist nicht bekannt.

Es zeigt sich, dass auf dem Markt diverse Werkzeuge für Generatives Design existieren, welche sich maßgeblich mit der mechanischen Topologieoptimierung beschäftigen. Die Liste von CAD- und Simulationswerkzeugen ließe sich beliebig fortführen, doch ist keine Anwendung bekannt, die werksseitig alle Funktionalitäten für das Generative Design, die Simulation und die Kostenabschätzung von Kühlkörpern vereint.

3.4 Zielsetzung und Vorgehensweise

Anhand des Kenntnisstandes über kommerziell verfügbare und experimentelle Kühlkörperdesigns lassen sich grundlegende Randbedingungen für das Generative Design ableiten und die notwendigen Schritte für die Umsetzung definieren. Das Design konventioneller Kühlkörper (Tabelle 3-2) ist durch das formgebende Verfahren beschränkt.

Tabelle 3-2: Eignung konventioneller Kühlkörperdesigns für das Grundmodell des Generativen Designs

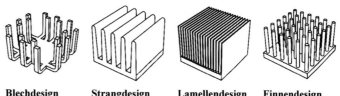

		Blechdesign	Strangdesign	Lamellendesign	Finnendesign
Konventionell	Variations-möglichkeiten	gering	gering	gering	mittel
	Kosten	gering	mittel	hoch	hoch
	Leistungsfähigkeit	gering	mittel	hoch	mittel bis hoch
AM	Variations-möglichkeiten	mittel	mittel	nicht fertigbar	hoch
	Kosten	hoch	hoch	hoch	hoch
	Potential für AM	niedrig	hoch	nicht fertigbar	hoch

Diese Beschränkungen können durch Additive Fertigung aufgehoben werden. Eine Anlehnung an das Blechdesign scheint nicht zielführend, da die Geometrie maßgeblich von dem Herstellungsverfahren getrieben ist und sich auch keine besonders geringen Wärmewiederstände erwarten lassen. Angepasste Kühlkörper auf Basis des Strangdesigns sind denkbar, insbesondere für die Anwendung in Kühlaggregaten, bei denen ein Luftstrom entlang der Rippen erzwungen wird, wie unter anderem von Hein und Lange gezeigt wurde [11, 19]. Als Grundlage für AM-Designs sind Lamellenkühlkörper hingegen nicht geeignet. Die Lamellen fordern dünne Wandstärken und sehr hohe Wärmeleitfähigkeit, die sich mit marktüblichen LBM-Anlagen nicht realisieren lassen. Darüber hinaus herrscht wie bei den Strangkühlkörpern eine hohe Richtungsabhängigkeit bezüglich der Anströmung, sodass auch Lamellenkühlkörper eher für den Einsatz in Aggregaten geeignet und nicht universell einsetzbar sind.

Kühlkörper auf Basis von Stiften oder Finnen sind hingegen ideal geeignet, um mittels Generativem Design modifiziert und mittels LBM gefertigt zu werden. Geometrische Beschränkungen durch die Fertigungstechnologie bestehen unter anderem in der minimalen Stärke der Stifte oder Finnen, welche jedoch in der Größenordnung von üblichen kommerziellen Kühlkörpern gefertigt werden können. Für die Auswahl der zu variierenden Parameter und Methodik kann auf bereits vorliegende wissenschaftliche Erkenntnisse zurückgegriffen werden.

Die Vielzahl an wissenschaftlichen Publikationen bezeugt das große Interesse an der Thematik Additive Fertigung von thermischen Bauelementen. Insbesondere die Topologieoptimierung unter vereinfachten Konvektionsbedingungen findet große Aufmerksamkeit. Hierbei ergeben sich baumartig verzweigte Systeme, welche durch die Wärmeleitung im Festkörper dominiert sind. Auf konvektionsdominierte Wärmeübertragung lässt sich die Methode jedoch nicht anwenden und ist daher nicht zielführend. Bezüglich Kühlkörpern unter erzwungener Konvektion werden die folgenden Thesen abgeleitet:

1) Additive Fertigung besitzt hohes Potential für die Herstellung maßgeschneiderter Kühlkörper mit geringem thermischem Widerstand.

2) Die Strömungsgeschwindigkeit und -richtung haben einen signifikanten Einfluss auf den Wärmewiderstand und sollten stets berücksichtigt werden.

3) Die ideale Querschnittsform eines einzelnen Kühlelements für hohe Wärmeübertragung bei geringem Druckverlust beschreibt eine ovale bis Tragflächenform, deren Ausprägung von den Strömungsverhältnissen abhängt.

Nach aktuellem Forschungs- und Entwicklungsstand existiert keine Softwareumgebung, welche genutzt werden kann, um die gewonnenen Erkenntnisse direkt zu übertragen und die Gestaltung und Auslegung von Kühlkörpern zu automatisieren. Generatives Design in Form von Topologie-, Form- und Parameteroptimierung wird bereits erfolgreich für strukturmechanische Problemstellungen eingesetzt, jedoch existieren nur wenige praxisnahe Ansätze, dies auch auf strömungsmechanische und thermische Anwendungen zu übertragen.

Ziel dieser Arbeit ist es, den Designaufwand mittels Generativem Design zu minimieren, automatisiert die Leistungsfähigkeit der erzeugten Komponente simulativ zu bestimmen und die Herstellkosten zu prognostizieren, sodass mit geringstem personellen Aufwand Designvarianten erzeugt und die Hemmnisse für den Einsatz der Additiven Fertigung in diesem Gebiet abgebaut werden können. Hierzu gehört die Entwicklung eines variierbaren geometrischen Grundmodells, eines Simulations- und Kostenmodells zur Bewertung generierter Varianten, sowie einer Softwarearchitektur zur Automatisierung und Optimierung.

Um dieses Ziel zu erreichen wird in Kapitel 4 zunächst das Fundament für die Automatisierung geschaffen. Bei der Legierung AlSi10Mg handelt es sich um einen kostengünstigen, gut bearbeitbaren Standardwerkstoff für das LBM-Verfahren mit hoher Wärmeleitfähigkeit. Dieser ist hervorragend für die Herstellung von Wärmeübertragern geeignet. In Ermangelung verlässlicher Quellen hinsichtlich der genauen Wärmeleitfähigkeit unter verschiedenen Bedingungen wird diese in Abschnitt 4.1 mittels Laserflashanalyse experimentell bestimmt. Für die Charakterisierung des Wärmewiderstandes wurde ein experimenteller Versuchsaufbau entwickelt und das Temperaturverhalten des Referenzkühlkörpers sowie einer LBM-Kopie aus AlSi10Mg unter erzwungener Konvektion gemessen (Abschnitt 4.2). Die Materialeigenschaften und Ergebnisse des Experiments werden für die Entwicklung eines Simulationsmodells genutzt (Abschnitt 4.3). Es werden des Weiteren verschiedene Maßnahmen in der Entwicklung des Simulationsmodells untersucht, mit dem Ziel, die Berechnungsdauer einer Iteration zu minimieren. Für die automatisierte Kalkulation der Herstellkosten wird in Abschnitt 4.4 ein Kostenmodell präsentiert, welches auf beliebige AM-Bauteile angewandt werden kann und die Eigenheiten des LBM-Prozesses berücksichtigt.

In Kapitel 5 erfolgt die Entwicklung des zugrundeliegenden Generativen Grundmodells. Zunächst werden hierfür in Abschnitt 5.1 die konstruktiven Limitierungen des LBM-Verfahrens aufgewiesen und Maßnahmen zur Einhaltung derselbigen ergriffen. Aus der Vielzahl von Konstruktionsparametern werden in Abschnitt 5.2 die Haupteinflussgrößen auf die Leistungsfähigkeit in Form des Wärmewiderstandes erörtert. In Abschnitt 5.3 wird schließlich das Konstruktionsschema vorgestellt, welches es ermöglicht, mittels weniger Kontrollvariablen eine Vielzahl unterschiedlicher Bauteilvarianten zu erzeugen.

In Kapitel 6 erfolgt die grundlegende Softwareentwicklung anhand eines simplen mechanischen Beispiels. Zunächst werden geeignete Softwarekomponenten ausgewählt, eine Architektur erarbeitet (Abschnitt 6.1) und Schnittstellen entwickelt (Abschnitt 6.2). Des Weiteren wird für die reale Umsetzung ein Optimierungsalgorithmus implementiert und erprobt (Abschnitt 6.3). Schließlich werden diese Vorarbeiten in einem Programm mit grafischer Benutzeroberfläche umgesetzt (Abschnitt 6.4). Auch die Implementierung des LBM-Kostenmodells anhand eines digitalen CAD-Modells wird in Abschnitt 6.5 dargelegt.

Kapitel 7 zeigt schließlich die Übertragung der Softwarearchitektur und Schnittstellen auf das gewählte Kühlkörperszenario und geht zusätzlich auf die Optimierung und experimentelle Validierung ein.

Kapitel 8 fasst den Inhalt und die Ergebnisse der Arbeit zusammen und gibt einen Ausblick auf mögliche Weiterentwicklungen und Zukunftspotentiale.

4 Grundlagen der Automatisierung

Bevor ein Designszenario automatisiert werden kann, muss zunächst der Ausgangszustand untersucht werden. Hieraus ergeben sich zu variierende Geometrieparameter, deren Grenzen sowie Optimierungsziele. Bei mechanischen Problemstellungen ist das Ziel in der Regel eine Minimierung der Verformung oder Einhaltung von Vergleichsspannungen in einem bestimmten Lastfall, welche numerisch vergleichsweise simpel zu bestimmen sind. Bei erzwungener Konvektion von Kühlkörpern ist das zugrundeliegende physikalische Modell bedeutend komplexer. Mithilfe der Experimente in den Abschnitten 4.1 und 4.2 wird zunächst ein Simulationsmodell des Ist-Zustandes entwickelt und hinsichtlich möglicher vereinfachender Annahmen untersucht, um die Berechnungszeit zu minimieren (Abschnitt 4.3). Es folgt in Abschnitt 4.4 die Darlegung eines speziellen Kostenmodells, welches die Bestimmung der Herstellkosten eines Bauteils mittels LBM-Verfahren anhand einer CAD-Geometrie erlaubt.

4.1 Bestimmung der Wärmeleitfähigkeit

Um erzwungene Konvektion an einem Kühlkörper zu modellieren, werden die temperaturabhängigen Materialkennwerte des kühlenden Mediums und des Kühlkörpers benötigt. Die Eigenschaften von Luft sind für diesen Zweck hinreichend bekannt [56]. Die Eigenschaften von AM-Werkstoffen sind hingegen weniger häufig untersucht und hängen neben der stofflichen Zusammensetzung von Prozessparametern und Nachbehandlung ab, welche sich auf das Metallgefüge auswirken [38]. Für die Lösung der Wärmeleitungsgleichung werden im Wesentlichen die spezifische Wärmekapazität, Werkstoffdichte und Wärmeleitfähigkeit benötigt. Für die Optimierung der Geometrie wird von stationären Zuständen ausgegangen, sodass lediglich die Wärmeleitfähigkeit von Relevanz ist.

Bezüglich verfügbarer LBM-Werkstoffe liegt eine Bandbreite von Materialien mit unterschiedlichen Wärmeleitfähigkeiten vor. In Tabelle 4-1 ist eine Auswahl an gängigen Werkstoffen aufgeführt.

Tabelle 4-1: Wärmeleitfähigkeit unterschiedlicher LBM-Werkstoffe [86, 87]

Bezeichnung	Werkstoffnummer	Wärmeleitfähigkeit in $W \cdot m^{-1} \cdot K^{-1}$
TiAl6V4	3.7164	7,1
Werkzeugstahl	1.2709	14,2
316L	1.4404	15
CuSn10	2.1050	59
AlSi10Mg	3.2381	103 - 173
CuCrZr	2.1293	330

Aus den aufgeführten Werten ist ersichtlich, dass Stahllegierungen und der Luftfahrtwerkstoff TiAl6V4 aufgrund ihrer geringen Wärmeleitfähigkeit nicht für die Fertigung von Kühlkörpern geeignet sind, sofern nicht spezielle Randbedingungen wie beispielsweise hohe Härte oder Exposition in korrosiven Medien die Verwendung dieser Werkstoffe erfordern. Kupferlegierungen weisen eine hohe Wärmeleitfähigkeit auf. Gegen ihren Einsatz sprechen die vergleichsweise hohen Materialkosten sowie die hohe Dichte und somit das Eigengewicht. Aluminiumlegierungen stellen für die meisten Anwendungen die beste

© Der/die Autor(en), exklusiv lizenziert durch
Springer-Verlag GmbH, DE, ein Teil von Springer Nature 2021
A. Struve, *Generatives Design zur Optimierung additiv gefertigter Kühlkörper*,
Light Engineering für die Praxis, https://doi.org/10.1007/978-3-662-63071-6_4

Wahl dar. Im weiteren Vorgehen wird daher die kostengünstige und gut wärmeleitfähige Standardlegierung AlSi10Mg betrachtet.

Die Eigenschaften eines AlSi10Mg-Bauteils hängen neben der stofflichen Zusammensetzung auch von den LBM-Prozessbedingungen und der Nachbehandlung ab. Nicht nur werden durch das lokale Aufschmelzen des Pulvers Eigenspannungen in das erzeugte Bauteil eingebracht, es stellen sich durch den schichtweisen Aufbau auch anisotrope mechanische Eigenschaften ein [88]. Konkret entsteht transversale Isotropie mit einer Vorzugsrichtung in der z-Koordinate. Eigenschaften senkrecht zu dieser Achse (xy) sind näherungsweise isotrop. Um Eigenspannungen abzubauen wird durch den Anlagenhersteller das Spannungsarmglühen der Bauteile bei 300 °C für 2 - 3 Stunden empfohlen [86, 87]. Hierdurch werden die mechanischen Eigenschaften näherungsweise isotrop [87, 89]. Es bleibt zu untersuchen, welche Ausprägung diese Anisotropie bezüglich der Wärmeleitfähigkeit besitzt.

Es existieren unterschiedlichste Methoden zur Bestimmung der Wärmeleitfähigkeit von Materialien, beispielsweise anhand des Wärmestroms durch das Material oder definierte Konvektion an einem erhitzten Draht. Für Werkstoffe mit hoher thermischer Leitfähigkeit bietet sich die LFA-Methode (LFA - Laser Flash Analysis) an [90]. Der schematische Aufbau einer LFA-Messmaschine ist in Abbildung 4-1 dargestellt.

Die LFA nutzt zylinderscheibenförmige Probekörper, welche zwischen einer Laserquelle und einem Detektor in einer isolierten Prüfkammer platziert werden. Die Prüfkammer ist hierbei temperiert, sodass auch temperaturabhängige Kennwerte bestimmt werden können. Zur Messung wird ein hochenergetischer Laserpuls bekannter Energie freigesetzt, der auf den Probekörper trifft und zu einem zeitverzögerten Temperaturanstieg auf der gegenüberliegenden Seite führt. Dieser wird wiederum durch den Detektor in Form einer Spannung U registriert.

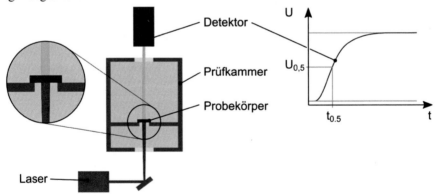

Abbildung 4-1: Funktionsprinzip der Laser-Flash-Analyse

Anhand des zeitlichen Verlaufs $U(t)$ der detektierten Emission lässt sich die Halbzeit $t_{0,5}$ der detektierten Kurve bestimmen. Diese beschreibt die Dauer zum Erreichen der Hälfte des Maximalwerts von U. Für adiabate Bedingungen berechnet sich die thermische Diffusivität in Kombination mit der Probendicke und der Halbzeit [91].

$$\alpha = 0{,}1388 \cdot \frac{l^2}{t_{0.5}}$$ (20)

α Thermische Diffusivität

l Probendicke

$t_{0.5}$ Halbzeit des Temperaturanstiegs

Der Zusammenhang zwischen der thermischen Diffusivität und der Wärmeleitfähigkeit ist über die Wärmekapazität und Materialdichte gegeben [91]. Dichte und spezifische Wärmekapazität verändern sich durch Wärmebehandlung nur geringfügig und werden daher als konstant angenommen.

$$\lambda = \alpha \cdot c_p \cdot \rho$$ (21)

λ Wärmeleitfähigkeit

c_p Wärmekapazität

ρ Dichte

Die verwendete LFA-Messmaschine lässt Zylinderscheiben der Durchmesser 12,7 und 25,4 mm bei einer Dicke zwischen 1,0 und 3,0 mm als Probekörper zu [90]. Die Probenmaße werden auf den kleineren der beiden Durchmesser bei 2,0 mm Dicke festgelegt. Um eine Vielzahl von Proben präzise fertigen zu können, werden runde Rohlinge (Abbildung 4-2) mittels LBM generiert und nachträglich durch Drahterodieren in Scheiben geschnitten. Durch den schonenden und kalten Trennprozess sollen Gefügeumwandlungen durch lokale Überhitzung vermieden werden. Die Aufdickung des Rohlings dient beim Trennen als Einspannung, während die Pfeilmarkierung die Aufbaurichtung z anzeigt. Um den Einfluss der Orientierung und der Nachbehandlung zu untersuchen, werden drei Sätze in jeweils vertikaler, horizontaler und diagonaler Ausrichtung generiert. Neben dem unbehandelten Zustand werden die weiteren Sätze mit Haltezeiten von zwei bzw. acht Stunden spannungsarmgeglüht.

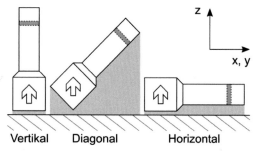

Abbildung 4-2: Orientierung der Probekörperrohlinge für die LFA-Messung

Auf diese Weise entstehen je Rohling zehn Probenscheiben, von denen mindestens sechs ausgewertet werden. Vor der LFA wird die Scheibendicke vermessen und die Oberfläche mit Grafit beschichtet, um die Absorption des Laserlichtes zu erhöhen. Die Spezifikationen der Probekörper und Messmaschine sind in der nachfolgenden Tabelle zusammengefasst.

Tabelle 4-2: Merkmale des angewandten LFA-Versuchs

LFA	Messgerät	Linseis LFA 1000
	Methode	Laser Flash Analyse
	Messbereich	0,1 bis 4000 $W \cdot m^{-1} \cdot K^{-1}$ [90]
Proben	Probenmaterial	AlSi10Mg
	Fertigungsanalage	EOS M 290, Faserlaser 400 W, asymmetrische Klinge
	Schichtstärke	60 µm
	Probenmaße	d = 12,7 mm; l = 2 mm
	Spezifische Wärmekapazität	890 $J \cdot kg^{-1} K^{-1}$ [87]
	Dichte	2,67 $g \cdot cm^{-3}$ [86, 87]
Parameter	Ausrichtungen	vertikal, diagonal, horizontal
	Nachbehandlungen	keine, 2 Stunden bei 300 °C, 8 Stunden bei 300°C
	Temperaturmesspunkte	20 °C, 60 °C, 100 °C, 200 °C

Die Ergebnisse der Bestimmung der Wärmeleitfähigkeit von AlSi10Mg Probekörpern bei Raumtemperatur in vertikaler (z), horizontaler (x, y) und diagonaler Ausrichtung in unterschiedlichen Nachbehandlungszuständen sind in Abbildung 4-3 illustriert. Es ist deutlich erkennbar, dass die Wärmeleitfähigkeit im unbehandelten Zustand mit gemittelten 149,5 $W \cdot m^{-1} \cdot K^{-1}$ sichtlich geringer ausfällt als im geglühten Zustand. Zwischen den zwei Stunden geglühten Proben mit 177,0 $W \cdot m^{-1} \cdot K^{-1}$ und den acht Stunden geglühten Proben mit 179,3 $W \cdot m^{-1} \cdot K^{-1}$ ist hingegen nur ein sehr geringer Anstieg der Wärmeleitfähigkeit zu verzeichnen. Bezüglich der Raumorientierung konnte die maximale Diskrepanz von 3,5 % bei zwei Stunden geglühten Proben in vertikaler und horizontaler Ausrichtung gemessen werden. Es konnte somit nur eine geringe Anisotropie der Wärmeleitfähigkeit festgestellt werden. Auch scheint eine verlängerte Glühdauer keinen signifikanten Einfluss auf das Metallgefüge zu haben, sodass ein Glühvorgang mit zweistündiger Haltestufe als ausreichend erachtet wird.

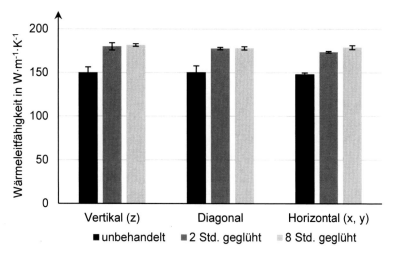

Abbildung 4-3: Einfluss der Wärmebehandlung auf die Wärmeleitfähigkeit von AlSi10Mg in unterschiedlichen Raumrichtungen

Auch das Temperaturverhalten der Wärmeleitfähigkeit wird betrachtet. Als Grundlage dienen Probekörper mit zweistündiger Glühdauer und Wärmeleitung in z-Richtung. Die technisch relevanten Temperaturen von Kühlkörpern liegen zwischen Raumtemperatur und der Einsatztemperatur der zu kühlenden Komponente, welche bei Computerchips in der Region von maximal 60 °C liegt. Um den Verlauf genauer extrapolieren zu können, werden auch die Temperaturstufen 100 °C und 200 °C in die Betrachtung mitaufgenommen.

Im Temperaturbereich zwischen 20 und 200 °C kann eine leichte Abnahme der Wärmeleitfähigkeit festgestellt werden. Dieser Bereich wird für die Simulation über eine quadratische Funktion angenähert. Außerhalb des definierten Bereichs wird die Funktion hingegen linear extrapoliert.

Temperaturbereich: $293{,}15\,K < T < 473{,}15\,K$

$$\lambda(T) = -0{,}0001 \cdot T^2 - 0{,}0577 \cdot T + 167{,}89 \tag{22}$$

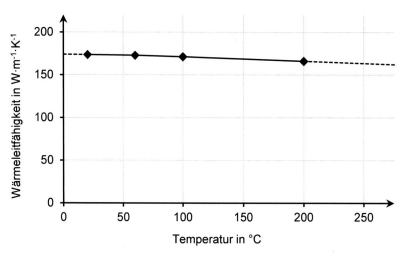

Abbildung 4-4: Temperaturabhängige Wärmeleitfähigkeit von AlSi10Mg

Mit Hilfe der Laser-Flash-Analyse konnten die Einflüsse der Anisotropie, Glühdauer und des Temperaturverhaltens der Wärmeleitfähigkeit von AlSi10Mg bestimmt werden. Es zeigt sich, dass die Bauteilorientierung hierbei nur einen sehr geringen Einfluss besitzt. Durch das Spannungsarmglühen kann ein deutlicher Anstieg der Wärmeleitfähigkeit verzeichnet werden. Die standardmäßige Haltestufe von zwei Stunden wird hierbei als ausreichend angesehen. Für diesen Nachbearbeitungszustand wurde auch das Temperaturverhalten ermittelt, welches als Grundlage für die Simulation dient.

4.2 Experimenteller Versuchsaufbau

Der Versuchsaufbau dient als Referenz für die Simulation verschiedener Kühlkörperkonfigurationen sowie als Szenario für die Optimierung. Die Anordnung wird in Anlehnung an Lee bzw. Wong et al. gewählt [21, 64], jedoch wird ein Abstand zum Rand des Kanals vorgesehen. In Abbildung 4-5 sind die wichtigsten Komponenten schematisch dargestellt.

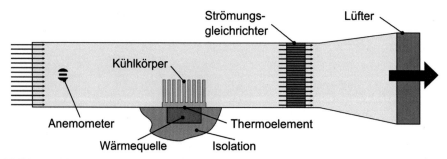

Abbildung 4-5: Versuchsaufbau zur Validierung der Simulation (schematisch)

Der leistungsstarke Lüfter ist an der Auslassseite des Kanals montiert, um durch ihn verursachte Verwirbelungen im Bereich des Kühlkörpers und der Geschwindigkeitsmessung zu vermeiden. Die Luft wird auf diese Weise am Einlass eingesaugt. Zusätzlich wird ein

Strömungsgleichrichter in Form eines hexagonalen Gitters genutzt, um die Strömung zu parallelisieren.

Die Messung der Strömungsgeschwindigkeit erfolgt über ein Hitzdrahtanemometer, welches die Abkühlung eines beheizten Drahtes in der Messsonde mit der orthogonalen Strömungsgeschwindigkeit korreliert. Die Sonde besitzt keine beweglichen Teile und ist hinreichend weit von der Einflusszone des Kühlkörpers entfernt. Zusätzlich wird durch das Anemometer die Temperatur der Umgebungsluft während des Versuchs aufgenommen. Da lediglich eine punktuelle Geschwindigkeitsaufnahme erfolgen kann, wird die Sonde in der Mitte des Kanals angebracht und misst somit die Maximalgeschwindigkeit des Geschwindigkeitsfeldes. Zur Abschätzung der zu erwartenden Strömungsgeschwindigkeiten können der Volumendurchsatz des Lüfters und die Abmaße des Kanals herangezogen werden.

$$\dot{V}_{max} = \bar{u} \cdot A \qquad (23)$$

$$\bar{u} = \frac{\dot{V}_{max}}{A} = \frac{56\,\frac{m^3}{h}}{40\,mm \cdot 52\,mm} = 7,5\,\frac{m}{s} \qquad (24)$$

$\dot{V}_{max}$ Maximaler Volumenstrom des Lüfters

$\bar{u}$ Mittlere Strömungsgeschwindigkeit

A Kanalquerschnitt

Da es sich bei $\bar{u}$ um die mittlere Geschwindigkeit handelt, ist der Wert als Richtgröße zu sehen. Einerseits entstehen in Randschichten durch Reibung verringerte Geschwindigkeiten, andererseits bilden sich in entfernten Bereichen Geschwindigkeiten oberhalb des Mittelwerts aus.

Zur Imitation eines Computerchips wird ein beheizbarer Aluminiumquader verwendet. Als Wärmequelle dienen zwei Heizpatronen in Reihenschaltung, welche über elektrischen Widerstand lokal Wärme erzeugen. Den notwendigen Strom liefert ein Labornetzteil, welches so eingestellt wird, dass sich aus dem Produkt von Spannung und Stromstärke die Nennleistung des Referenzkühlkörpers ergibt [92].

$$P = U \cdot I = 11,5\,V \cdot 1,77\,A = 20,4\,W \qquad (25)$$

P Leistung

U Spannung

I Stromstärke

Die Temperatur des Verbrauchers wird mittig in Oberflächennähe des Heizblockes gemessen, um die Temperatur in der Grenzschicht zwischen Heizblock und Kühlkörper zu bestimmen, da lediglich der Wärmewiderstand des Kühlkörpers bestimmt werden soll. Für den Versuch wird der Probekörper mit Wärmeleitpaste auf dem Heizblock montiert und die Leistung eingestellt. Um eine fixe Strömungsgeschwindigkeit zu erreichen, wird die Geschwindigkeit des Lüfters mittels Pulsweitenmodulationsregler so angepasst, dass sich am Anemometer die gewünschte Zielgeschwindigkeit einstellt. Die technischen Komponenten und ihre wichtigsten Kennwerte sind in der folgenden Tabelle zusammengefasst.

Tabelle 4-3: Technische Komponenten des Versuchsaufbaus

Komponente	Bezeichnung	Merkmale
Lüfter	ebmpapst 612 NHH	Volumenstrom: 56 $m^3 \cdot h^{-1}$
Wärmequelle	2x Heizpatrone in Aluminium-block	Maße: 20 x 20 x 10 mm
		Nennleistung: max. 80 W
Netzteil	Eventek KPS3010D	Spannung: 0 - 30 V
		Stromstärke: 0 - 10 A
Wärmeleitpaste	Thermoplasty AG Gold	Wärmeleitfähigkeit: 2,8 $W \cdot m^{-1} \cdot K^{-1}$
Anemometer	Voltcraft PL-135HAN	Messbereich: 0,1 bis 25,0 $m \cdot s^{-1}$
	Hitzdrahtanemometer	Temperaturbereich: 0 - 50 °C
Thermometer	MAX31865 Messverstärker	Pt100, 3-Leiterschaltung
		Temperaturbereich: -200...200 °C
		Genauigkeit: 0,5 °C
Strömungskanal	Kunststoffmodule	Gesamtlänge: 650 mm
		Querschnitt: 40 x 52 mm
Strömungsgleichrichter	Hexagonalgitter	Lochabstand: 6 mm
		Stegbreite: 0,8 mm
Referenzkühlkörper	Fischerelektronik	Verlustleistung: 20,4 W
	ICK S 32 x 32 x 20	Material: AlMgSi05 - F22
	Stiftkühlkörper [92]	
AM-Kühlkörper	Variante 0	Material: AlSi10Mg

In erster Instanz werden Referenzkühlkörper sowie ein gleichartiger AM-Kühlkörper aus AlSi10Mg in einem Durchschnittsgeschwindigkeitsbereich von 0,5 bis zum realen Maximum von 6,5 $m \cdot s^{-1}$ untersucht. Die Ergebnisse sind in Abbildung 4-6 dargestellt. Der Wärmewiderstand wird aus der Temperaturdifferenz zwischen Umgebung und Heizblock sowie der eingespeisten Leistung von 20,4 W berechnet. Der Wärmewiderstand der Wärmeleitpaste wird vernachlässigt. Je nach Geschwindigkeit stellen sich am Verbraucher Temperaturen zwischen 55 und 130 °C ein.

Es ist zu erkennen, dass AM- und Referenzkühlkörper (Benchmark) eine nahezu identische Charakteristik aufweisen, sodass davon ausgegangen werden kann, dass die unterschiedlichen Legierungen keinen auf diese Weise messbaren Unterschied im Wärmewiderstand hervorrufen. Grundsätzlich ist durch die höhere Rauheit des AM-Kühlkörpers eine Steigerung der Oberflächenreibung zwischen Fluid und Feststoff, und somit erhöhte Konvektion, zu erwarten [61, 93]. Doch auch dieser Effekt lässt sich im Experiment nicht nachweisen und wird für die Simulation als vernachlässigbar angesehen.

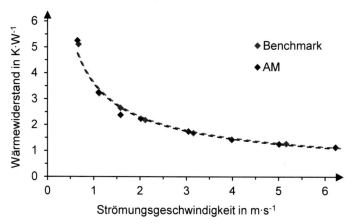

Abbildung 4-6: Wärmewiderstand von AM- und Referenzkühlkörper im Experiment

Die Ergebnisse der Messung am AM-Kühlkörper werden im weiteren Verlauf als Referenz für das Simulationsmodell genutzt.

4.3 Simulationsmodell

Das Simulationsmodell dient als Grundlage der Bewertung einer Kühlkörpervariante hinsichtlich ihrer Funktionalität im Generativen Design. Mit ihm werden die anhand gegebener Geometrien und physikalischer Randbedingungen resultierenden Temperaturen, und somit der Wärmewiderstand als Qualitätskennzahl, ermittelt. Eine gekoppelte Fluid- und Wärmesimulation kann je nach Komplexität und verfügbarer Hardware mehrere Stunden oder Tage in Anspruch nehmen. Eine Optimierung, insbesondere mehrerer Parameter, erfordert hingegen eine Vielzahl von Auswertungen, um sich iterativ dem Optimum anzunähern. Daher müssen unweigerlich Vereinfachungen getroffen werden, welche die Laufzeit der Simulation verringern. Um verschiedene Vereinfachungsaspekte zu untersuchen, wird das bereits experimentell bestimmte Windkanalmodell aus Abschnitt 4.2 herangezogen (Abbildung 4-7).

Das Simulationsmodell setzt sich aus der Geometrie, den Materialien, den physikalischen Modellen, dem FE-Netz und dem Solver zusammen. Die Geometrie bildet die grundlegende Form, welche zur ortsgebundenen Definition der Gültigkeitsbereiche von Material und Physik dient. Für die eigentliche Berechnung wird die Geometrie jedoch von einem Kontinuum in diskrete Elemente überführt und die getroffenen Definitionen auf die Knoten der diskreten Elemente übertragen. Die Summe der Elemente bildet das FE-Netz. Durch den Solver werden die physikalischen Gleichungen auf jedem Knotenelement gelöst und sie können im Anschluss ausgewertet werden.

Die Simulation erfolgt in Comsol Multiphysics. Zwar können hier grundlegende Geometrien erzeugt werden, jedoch sind spezialisierte Softwarewerkzeuge deutlich besser für das Generative Design geeignet, sodass die Kühlkörpergeometrie extern erzeugt und über das Austauschformat STEP importiert wird. Der Kanal und die Wärmequelle hingegen stellen einfache Geometrien dar, welche problemlos innerhalb des Simulationsmodells erzeugt werden können.

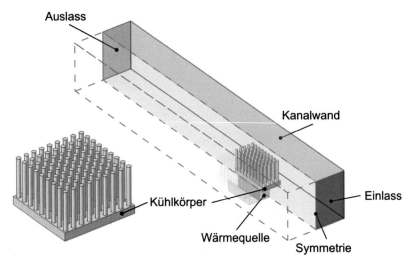

Abbildung 4-7: Referenzsimulationsmodell mit geometrischen Randbedingungen

Als Materialien werden Luft als Fluid und AlSi10Mg als Feststoff angewandt. Bezüglich der Wärmeleitfähigkeit der Aluminiumlegierung wird auf die Untersuchung in Abschnitt 4.1 verwiesen. Sowohl für den Kühlkörper als auch die Wärmequelle wird die Aluminiumlegierung definiert.

Hinsichtlich der physikalischen Modelle wird die Wärmeleitung in Festkörpern mit einem nicht-isothermen Strömungsmodell gekoppelt. Der Anteil der Wärmestrahlung wird mittels dem Stefan-Boltzmann-Gesetz für graue Strahler geschätzt (vgl. 2.3.1).

Tabelle 4-4: Werte zur Abschätzung der zu erwartenden Wärmestrahlung

Symbol	Bezeichnung	Wert
ε	Emissionsgrad von oxidiertem Aluminium [56]	0,2
σ	Stefan-Boltzmann-Konstante	$5{,}67 \cdot 10^{-8}$ W·m^{-2}·K^{-4}
A	Oberfläche des Kühlkörpers	0,001 m^2
T_S	Oberflächentemperatur des Strahlers [56]	366 K
T_U	Umgebungstemperatur	293 K

Unter Anwendung dieser Werte ergibt sich der Anteil der Wärmestrahlung:

$$\dot{Q} = 0,12 \, W \tag{26}$$

Selbst bei einer konservativen Abschätzung mit einer Oberflächentemperatur von über 90 °C des verwendeten Vergleichskühlkörpers und vollständiger Übertragung der Strahlung an die Umwelt liegt der Anteil der Wärmestrahlung weit unter der Nennleistung von 20,4 W. Die Wärmestrahlung wird daher im weiteren Verlauf als sehr klein angesehen und aus diesem Grund vernachlässigt.

Das Wärmeleitungsmodell wird auf alle Festkörper angewandt. Die Kanalwände hingegen besitzen im Modell keine Dicke und gelten als adiabat, da angenommen wird, dass der

Wärmetransport durch die Luft um ein Vielfaches höher ist als durch Wärmeleitung über die Systemgrenzen hinweg. Als Wärmequelle dient ein Quader mit über sein Volumen homogen eingebrachter Leistung.

Den numerisch aufwendigsten Teil der Berechnung stellt das Strömungsmodell dar. Für die Auswahl wird zunächst über die Reynoldszahl abgeschätzt, ob turbulente Strömung zu erwarten ist. Als charakteristische Länge wird der hydraulische Durchmesser des Kanals herangezogen.

$$d_{hyd} = \frac{2 \cdot b \cdot h}{b + h} = \frac{2 \cdot 52 \cdot 40}{52 + 40} \, mm = 0,0452 \, m \tag{27}$$

d_{hyd} Hydraulischer Durchmesser

b Breite des Kanals

h Höhe des Kanals

Mit der Dichte und dynamischen Viskosität von Luft bei 20 °C sowie der bereits in Abschnitt 4.2 abgeschätzten Strömungsgeschwindigkeit von maximal 7,5 m·s^{-1} ergibt sich die Reynoldszahl.

$$Re = \frac{\rho \cdot u \cdot d}{\eta} = \frac{1,2044 \cdot 7,5 \cdot 0,0452}{1,814 \cdot 10^{-5}} \approx 22.500 \tag{28}$$

Re Reynoldszahl

ρ Dichte

u Strömungsgeschwindigkeit

d Charakteristische Länge

η Dynamische Viskosität

Es ist daher mit turbulentem Verhalten zu rechnen und für die Simulation entsprechend ein turbulentes Strömungsmodell zu wählen. Wie bereits im Stand der Technik (2.3.2) erläutert, ist das yPlus Modell gut für die Modellierung von Abkühlvorgängen an Elektronikkomponenten geeignet und durch die algebraische Näherung der Randschicht weniger rechenintensiv [59]. Aus diesen Gründen wird das Modell für die Simulation verwendet.

Flächen des Kanals und des Kühlkörpers, welche mit dem Fluid in Berührung kommen, werden als Wand ohne Schlupf definiert. Die Strömungsgeschwindigkeit beträgt hier folglich null. Das Fluid selbst wird vereinfachend als inkompressibel definiert, da keine hohen Drücke zu erwarten sind, welche die Materialeigenschaften der Luft signifikant verändern würden. Die Schwerkraft wird ebenfalls vernachlässigt. Am Auslass herrschen Umgebungsdruck und eine Umgebungstemperatur von 20 °C. An der Einlassfläche des Kanals ist eine definierte Strömungsgeschwindigkeit und Umgebungstemperatur vorgegeben.

Die Geometrie muss für die Berechnung in diskrete Elemente unterteilt werden. Dieser Vorgang wird als Vernetzung bezeichnet. Hier besteht großes Potential für die Einsparung von Rechenzeit, da sie näherungsweise exponentiell mit der Anzahl der Elemente und ihren Knoten verknüpft ist. Es existieren unterschiedliche Elementtypen mit spezifischen Vor- und Nachteilen. Im 3D-Fall sind insbesondere Quader-, Prisma- und Tetraeder-Elemente zu nennen. Quader und Prismen sind gut geeignet, um große und gleichmäßige Bereiche effektiv zu vernetzen. Die automatische Vernetzung von komplexen Geometrien ist jedoch nur mit Tetraeder-Elementen möglich. Sowohl die Diskretisierung der Elemente für Wärmeleitung als auch die der Strömungsgeschwindigkeit und des Drucks im Fluid erfolgen linear.

Für die initiale Berechnung (Abbildung 4-8) werden bis auf die Symmetriebedingungen und die vereinfachenden Annahmen in den physikalischen Gleichungen keine weiteren Maßnahmen zur Verringerung der Rechenzeit ergriffen. Um einen Einfluss der Ränder auszuschließen, wird initial ein Ein- und Ausströmbereich mit dem Zehnfachen der Kühlkörperbreite b angenommen.

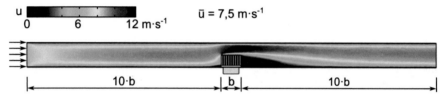

Abbildung 4-8: Strömungsgeschwindigkeit des initialen Simulationsmodells in der Symmetrieebene

Die Randbedingungen und Ergebnisse der Berechnung sind in Tabelle 4-5 zusammengefasst und dienen als Referenz. Die initiale Berechnungsdauer beträgt über neun Stunden und ist somit deutlich zu hoch, um in einer Optimierung verwendet zu werden. Daher werden im Folgenden Möglichkeiten untersucht, um die Rechenzeit so weit wie möglich zu begrenzen.

Tabelle 4-5: Ergebnisse der Initialsimulation

Berechnungszeit	9 Stunden, 23 Minuten
Breite des Kühlkörpers b	32 mm
Abmaße des Kanals	52 x 40 x 672 mm
Elemente	699.901
Wärmeenergie	20,4 W
Umgebungstemperatur	20,0 °C
Auslasstemperatur	21,6 °C
Chiptemperatur	41,5 °C
Wärmewiderstand	1,1 W·K^{-1}
Mittlere Strömungsgeschwindigkeit am Einlass	7,5 m· s^{-1}
Maximalgeschwindigkeit am Auslass	10,2 m· s^{-1}

Die Spezifikationen der verwendeten Hardware und Software sind in der nachfolgenden Tabelle 4-6 zusammengefasst. Die Leistungsfähigkeit kann als durchschnittlich hoch eingestuft werden und könnte durch die Verwendung von Rechenclustern weiter verbessert werden, doch ist die Simulationsumgebung für die Entwicklung der Methodik ausreichend, da in vertretbarer Zeit Ergebnisse generiert werden können.

Tabelle 4-6: Technische Merkmale der verwendeten Simulationsumgebung

Betriebssystem	Windows 10 Pro, 64 Bit
Software	Comsol Multiphysics 5.2a
Prozessor	Intel Core i7-4790 CPU @ 3,60 GHz
Arbeitsspeicher	32 GB DDR3 RAM
Grafikkarte	NVIDIA GeForce GTX 1070, 8 GB GDDR5
Speicher	Samsung SSD 850 Evo 500GB

Eine naheliegende Möglichkeit zur Reduzierung des Rechenaufwandes besteht in der Vereinfachung des zugrundeliegenden Fluidmodells. Durch Vernachlässigung der Turbulenz bei ansonsten gleichen Bedingungen kann die Berechnungszeit im vorliegenden Fall nahezu halbiert werden. Doch zeigt sich, dass auch der Wärmeübergang deutlich kleiner eingeschätzt wird. So stellt sich im laminaren Modell eine Differenz der Chiptemperatur von ca. 3 K zwischen den beiden Modellen ein, was sich stark auf den Wärmewiderstand auswirkt. Eine Vernachlässigung der Turbulenz ist daher nicht zielführend.

Des Weiteren besteht die Möglichkeit, die Anzahl der Elemente durch Vereinfachung der Geometrie und Maßnahmen in der Vernetzung selbst zu reduzieren. So ließe sich der Heizblock als 3D-Geometrie vernachlässigen und auf eine flächenförmige Wärmequelle reduzieren. Da der Heizblock ohnehin nur durch eine geringe Elementanzahl dargestellt ist und in diesem Bereich nur einfache Wärmeleitungsgleichungen gelöst werden, können hier keine signifikanten Einsparungen erzielt werden. Weitergehend überlagert sich die 2D-Randbedingung des fixen Wärmestroms mit der Auswertungssonde der Chiptemperatur, daher wird von der Substitution abgesehen.

Wie in Abbildung 4-8 deutlich zu erkennen ist, besteht jedoch Einsparpotential in der Länge der Ein- und Auslassbereiche des Strömungskanals. Beim Auslass wird nicht die volle Länge benötigt, da im hinteren Teil keine Änderungen in der Strömungsform und -geschwindigkeit mehr zu erkennen sind. Sie wird vom Zehnfachen auf das Sechsfache der Kühlkörperbreite reduziert. Auch in der Simulation zeigt sich kein nennenswerter Einfluss auf die Temperaturen durch diese Reduzierung. Am Einlass stellt sich nach kurzer Strecke die Strömungsform ein, welche schließlich auf den Kühlkörper trifft, sodass diese Strecke deutlich verkürzt werden kann.

Es werden die charakteristischen Kanalströmungsformen im Vorfeld durch Kanäle ohne Kühlkörper simuliert und als Funktion gespeichert, um die Initialisierungsstrecke einzusparen. Dieses Geschwindigkeitsfeld für unterschiedliche mittlere Geschwindigkeiten kann daraufhin als Eingangsgröße für den Kanal definiert und die entsprechend notwendige Geometrie eingespart werden. Die Geschwindigkeitsverteilung über die Kanalhöhe in der Symmetrieebene ist in Abbildung 4-9 dargestellt. Es ist erkennbar, dass sich eine deutlich höhere Maximalgeschwindigkeit in der Kanalmitte ausbildet.

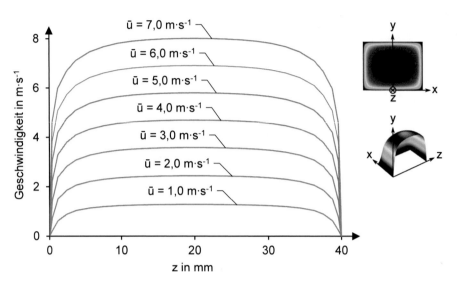

Abbildung 4-9: Ausgebildetes Geschwindigkeitsfeld in der Kanalmitte bei unterschiedlich hohen mittleren Geschwindigkeiten

Aus den simulierten Strömungsformen lässt sich bei mittleren Geschwindigkeiten größer als 1,5 m·s^{-1} ein annähernd linearer Zusammenhang zwischen mittlerer Einlassgeschwindigkeit und Maximalgeschwindigkeit feststellen.

$$\hat{u} = 1{,}1212 \cdot \bar{u} + 0{,}1874 \tag{29}$$

$\hat{u}$ Maximalgeschwindigkeit

$\bar{u}$ Mittlere Geschwindigkeit

Die Abweichung zwischen Simulation und linearer Interpolation liegt unter 1,0 % mittlerer Geschwindigkeiten zwischen 1,5 und 7,5 m·s^{-1}. Hiermit ist ein einziger Datensatz ausreichend, um verschiedene Geschwindigkeitsszenarien abzubilden, indem dieser der Zielgeschwindigkeit entsprechend skaliert wird.

Trotz der ergriffenen geometrischen Maßnahmen können nur wenige finite Elemente eingespart werden, da der Großteil genutzt wird, um die Kontaktfläche zwischen Fluid und Kühlkörper- und Außenwänden zu beschreiben. Die hohe Anzahl von Elementen ist zum einen durch die kreisrunden Pins des Kühlkörpers, zum anderen aber auch durch die verfeinernden Grenzschichtelemente bedingt. Am Kühlkörper kann auf die Grenzschichtelemente nicht verzichtet werden, da diese notwendig sind, um Grenzschichteffekte abzubilden und den Wärmeübergang zu beschreiben Die adiabaten Kanalwände sind hingegen nicht von Bedeutung. Durch Vernachlässigung der Grenzschichtelemente in diesen Bereichen wurde die Rechenzeit auf weniger als drei Stunden reduziert, ohne dass nennenswerte Unterschiede in Chiptemperatur oder Geschwindigkeiten registriert werden konnten.

Die automatische Vernetzung einer beliebigen Geometrie zu beeinflussen, stellt eine große Herausforderung dar. Auf Seite des Vernetzers können die minimale und maximale

Größe von Elementen sowie Wachstumsraten benachbarter Elemente manipuliert werden. Ein Grenzwert für gekrümmte Flächen ist möglich, jedoch nicht unabhängig von den Abmaßen der Geometrie. Aufgrund der Vielzahl möglicher Geometrien muss jedoch auf die gebotenen automatischen Vernetzungsmechanismen zurückgegriffen werden.

Als Alternative wird ein Ansatz untersucht, die Elementgröße an gekrümmten Flächen zu limitieren, indem die Geometrie bereits vor dem Import gezielt polygonisiert wird, sodass die Diskretisierung gezielter gesteuert werden kann. Konkret wird im vorliegenden Fall die kreisrunde Querschnittfläche der Pins durch Polygone ersetzt. Um die Masse des Kühlkörpers zu erhalten, muss auch die Fläche von Kreis und Polygon übereinstimmen. Der Zusammenhang zwischen Pin-Durchmesser und Radius des umschließenden Kreises eines Polygons stellt sich wie folgt dar:

$$r = \sqrt{\frac{\pi \cdot d^2}{4 \cdot n \cdot sin\left(\frac{\pi}{n}\right) \cdot cos\left(\frac{\pi}{n}\right)}} \tag{30}$$

d Pin-Durchmesser

r Außenradius des Polygons

n Anzahl der Eckpunkte

Es werden Polygone mit unterschiedlicher Anzahl von Eckpunkten untersucht. Im Vergleich zum Kreisquerschnitt kann die Anzahl der Elemente, welche zur Vernetzung benötigt werden, um ein Vielfaches reduziert werden. Die Simulation der unterschiedlichen Geometrien zeigt, dass bei einer Reduktion des Kreisquerschnitts auf Polygone nahezu identische Ergebnisse berechnet werden können. In Abbildung 4-10 wird die Temperaturdifferenz der Chiptemperatur bei Kreis- und Polygonquerschnitt herangezogen. Es ist jedoch auch ersichtlich, dass eine zu starke Reduktion die Berechnungsergebnisse verfälschen kann.

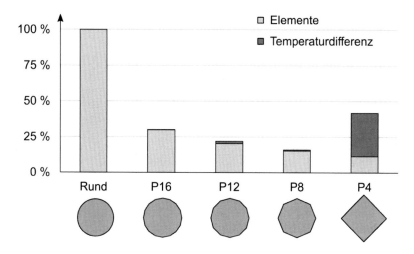

Abbildung 4-10: Einfluss der Polygonisierung des Kühlelementquerschnitts auf die Anzahl der Elemente des Modells und die resultierende Chiptemperatur

Es ist ersichtlich, dass unter Verwendung von Polygonquerschnitten anstelle von Kreisen die Anzahl der Elemente signifikant verringert werden kann. Des Weiteren entstehen homogenere Netze höherer Qualität, sodass diese Technik im weiteren Verlauf auch auf andere Querschnittstypen übertragen wird.

Die endgültige Rechenzeit hängt stets von der gewählten Kühlkörpervariante ab. Doch tragen die beschriebenen Maßnahmen dazu bei, die Rechenzeit von anfänglich über neun Stunden um durchschnittlich zwei Drittel zu reduzieren. Weitere Verbesserungen lassen sich durch leistungsstärkere Hardware und parallele Berechnung von Konstruktionsvarianten erzielen.

Mit Hilfe des entwickelten Modells lassen sich experimentelle Ergebnisse aus Abschnitt 4.2 mit dem Simulationsmodell vergleichen. Die berechneten thermischen Widerstände dieses Szenarios sind in Abbildung 4-11 gegenübergestellt. Es wird gezeigt, dass Simulation und Experiment korrelieren, der Wärmewiderstand jedoch stets zu hoch angenommen wird, was vermutlich auf die getroffenen Vereinfachungen zurückzuführen ist. Für die weitere Entwicklung werden diese Abweichungen jedoch in Kauf genommen.

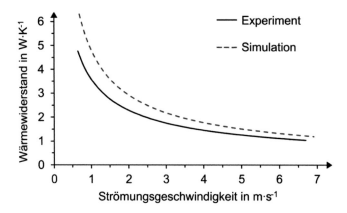

Abbildung 4-11: Vergleich des thermischen Widerstands in Simulation und Experiment

Der Vergleich der Simulation des Referenzkühlkörpers mit den Angaben des Herstellerdatenblatts [92] weist eine hohe Übereinstimmung auf (Abbildung 4-12). Hierbei wird davon ausgegangen, dass der Wärmewiderstand im Gegensatz zum durchgeführten Experiment bei vollständiger Durchströmung des Kühlkörpers unter erzwungener Konvektion bestimmt wurde. Die Angaben decken sich weitestgehend mit Werten des hier entwickelten Simulationsmodells, doch sind bei Strömungsgeschwindigkeiten von weniger als 1,5 m·s⁻¹ starke Abweichungen im Wärmewiderstand festzustellen.

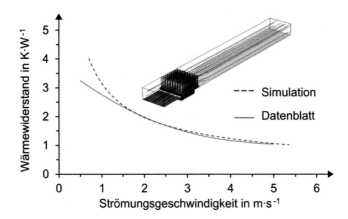

Abbildung 4-12: Vergleich der geschwindigkeitsabhängigen Wärmewiderstände des Referenzkühlkörpers in Datenblatt und Simulation

Dies wird als der Übergang von erzwungener zu freier Konvektion interpretiert, bei der die Auftriebskräfte gegenüber der äußeren Strömung dominieren. Durch die Vernachlässigung der Schwerkraft wird der Auftrieb nicht abgebildet. Da der Fokus jedoch auf erzwungener Konvektion liegt, besteht keine Notwendigkeit, diesen Aspekt anzupassen.

Mit Hilfe eines validen Simulationsmodells kann nun auch der Einfluss der Wärmeleitfähigkeit unterschiedlicher Materialien auf den Wärmewiderstand geometrisch identischer Kühlkörper untersucht und die Werkstoffwahl validiert werden. Hierfür wird im vorliegenden Szenario bei einer mittleren Strömungsgeschwindigkeit von 7,5 m·s^{-1} am Einlass die Wärmeleitfähigkeit des Kühlkörpermaterials variiert und die resultierende Temperatur an der Wärmequelle ermittelt, welche sich proportional zum Wärmewiderstand verhält. In Abbildung 4-13 sind die resultierende Trendlinie sowie typische AM-Werkstoffe dargestellt.

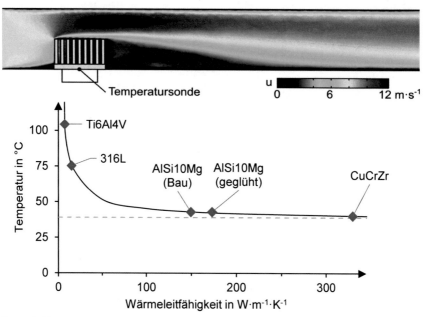

Abbildung 4-13: Einfluss der Wärmeleitfähigkeit des Kühlkörpermaterials auf die Chiptemperatur

Es ist ersichtlich, dass eine höhere Wärmleitfähigkeit einen Einfluss auf den Wärmewiderstand besitzt, jedoch ab einem gewissen Punkt an Bedeutung verliert. So strebt die Temperatur mit steigender Wärmeleitfähigkeit einem Minimum entgegen. Hieraus ist ersichtlich, dass die typischen Aluminiumlegierungen mit einer Wärmeleitfähigkeit zwischen 100 und 200 $W \cdot m^{-1} \cdot K^{-1}$ gut für die Anwendung geeignet sind und deutlich bessere Resultate erzielen als vergleichbare Kühlkörper aus Stahl oder Titan. Des Weiteren zeigt sich, dass sich durch die Verwendung von Kupferlegierungen mit Wärmeleitfähigkeiten von über 350 $W \cdot m^{-1} \cdot K^{-1}$ nur ein geringer Vorteil erzielen ließe, welcher aufgrund von höheren Kosten und höherem Gewicht nur in speziellen Anwendungen gerechtfertigt wäre. Im direkten Vergleich zwischen geglühtem und unbehandeltem AlSi10Mg lässt sich in den resultierenden Temperaturen nur ein marginaler Unterschied feststellen. Hieraus kann gefolgert werden, dass eine Wärmebehandlung nur notwendig ist, wenn Verzüge durch Eigenspannungen dies notwendig machen. Hierdurch lassen sich Zeit und Kosten einsparen.

4.4 Kostenmodell

Für die automatisierte Bewertung der Herstellkosten ist ein fundiertes Kostenmodell notwendig, das die Besonderheiten der Additiven Fertigung - und speziell des LBM-Verfahrens - berücksichtigt. Die Einbeziehung der Geometrie ist für eine verlässliche Kosteneinschätzung unerlässlich. Die Kostenberechnung für ein additiv gefertigtes Bauteil kann beliebig feingliedrig erfolgen und ist abhängig von den angesetzten Kostenfaktoren. Die wichtigsten Einflussfaktoren für die Berechnung der Herstellkosten im LBM-Verfahren sind in Abbildung 4-14 nach Kranz [32] dargestellt. Auch die Gleichungen dieses Abschnitts werden in Anlehnung an dieses Kostenmodell aufgestellt. Zur Bestimmung der tatsächlichen Bauteilkosten müssen zusätzlich die einmalig anfallenden Entwicklungskosten sowie die mögliche Endbearbeitung, beispielsweise durch Fräsen, Vertrieb, Marge etc. mit einbezogen werden.

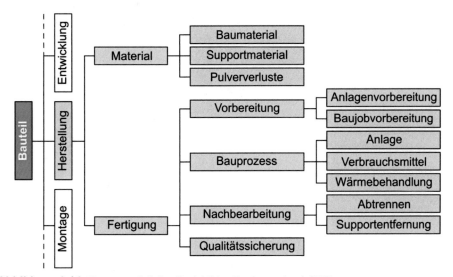

Abbildung 4-14: Kostenmodell für die Additive Fertigung (nach [32])

Ein Großteil der Einflussgrößen wird direkt durch die Bauteilgeometrie und -orientierung beeinflusst. Neben dem Bauteilvolumen spielen auch Supportflächen und -volumen sowie die Anzahl der Bauteile, die je Baujob gefertigt werden können, eine entscheidende Rolle. Andere Faktoren fallen hingegen pauschal je Baujob an und können auf die einzelnen Bauteile heruntergebrochen werden. Die hier verwendeten Kostenfaktoren werden im Folgenden näher erläutert. Aus Gründen der Konsistenz werden alle Kostenfaktoren auf ein einzelnes Bauteil bezogen. Hierzu wird als Hilfsgröße die Anzahl gleichartiger Bauteile je Baujob ermittelt. Grundsätzlich setzen sich die Herstellkosten aus den Materialkosten und den Fertigungskosten zusammen.

$$C_{man} = C_{mat} + C_{prd} \tag{31}$$

C_{man} Herstellkosten

C_{mat} Materialkosten

C_{prd} Fertigungskosten

Aufgrund der aufwendigen Herstellung von geeignetem Metallpulver für das LBM-Verfahren und geringer Produktionsvolumina entstehen vergleichsweise hohe Halbzeugkosten, welche in der Bilanzierung berücksichtigt werden müssen.

Im LBM-Prozess wird feines Metallpulver durch einen Laserstrahl aufgeschmolzen und die Partikel stoffschlüssig verbunden. Das verschweißte Material wird dem Materialzyklus entnommen, und die assoziierten Kosten können daher sehr genau bestimmt werden. Die Materialkosten setzen sich aus den drei Faktoren Bauteilmaterial, Stützstrukturmaterial und Pulververlust zusammen.

$$C_{mat} = C_{mat,prt} + C_{mat,sup} + C_{mat,dep} \tag{32}$$

$C_{mat,prt}$ Bauteilmaterialkosten

$C_{mat,sup}$ Stützstrukturmaterialkosten

$C_{mat,dep}$ Pulververlustkosten

Die durch das Bauteil selbst entstehenden Materialkosten sind unabhängig von seiner Orientierung proportional zu dessen Volumen.

$$C_{mat,prt} = V_{prt} \cdot \rho_{mat} \cdot C_{pwd} \tag{33}$$

V_{prt} Bauteilvolumen

ρ_{mat} Materialdichte

C_{pwd} Pulverkosten

Die Materialkosten, welche durch die Stützkonstruktion entstehen, hängen hingegen stark von der Orientierung des Bauteils ab. Vereinfacht kann angenommen werden, dass jede Bauteilfläche oberhalb eines material- und prozesscharakteristischen Überhangwinkels durch eine Stützkonstruktion gehalten werden muss, auch wenn in der Praxis einige konstruktive Kniffe genutzt werden können, um Stützkonstruktionen zu reduzieren oder gar zu vermeiden [32]. Bei der Stützkonstruktion handelt es sich nicht um solides Material, welches aufwendig abgetrennt werden müsste, sondern um Gitterstrukturen mit einer relativ geringen Dichte im Vergleich zu Vollmaterial.

$$C_{mat,sup} = V_{sup} \cdot \rho_{mat} \cdot \varphi_{sup} \cdot C_{pwd} \tag{34}$$

V_{sup} Supportvolumen

φ_{sup} Relative Dichte

Zusätzlich zu den erwünschten Schmelzvorgängen des LBM entstehen auch Nebenprodukte, wie teilweise verschmolzene, degenerierte oder agglomeratisierte Partikel. Diese werden in der Pulveraufbereitung durch Sieben abgeschieden. Für die Kostenkalkulation wird dieser Pulververlust proportional zum belichteten Volumen des Bauteils und dessen Stützkonstruktion angenommen.

$$C_{mat,dep} = \left(V_{prt} + V_{sup} \cdot \varphi_{sup}\right) \cdot \rho_{mat} \cdot C_{pwd} \cdot \varphi_{dep} \tag{35}$$

φ_{dep} Relativer Pulververlust

Die Fertigungskosten setzen sich aus den Vorbereitungskosten, den Bauprozesskosten sowie den Kosten durch Qualitätskontrolle zusammen.

$$C_{prd} = C_{prp} + C_{bld} + C_{ppr} + C_{qa} \tag{36}$$

C_{prp} Vorbereitungskosten

C_{bld} Bauprozesskosten

C_{ppr} Nachbearbeitungskosten

C_{qa} Qualitätssicherungskosten

In den Vorbereitungskosten sind sowohl die Personalkosten für das Rüsten der Maschine als auch für die digitale Vorbereitung der Druckdaten enthalten. Die Rüstzeit kann je nach Anlagentyp stark variieren und beeinflusst auch den Maschinenstundensatz durch die maximal mögliche Maschinenauslastung. In der Datenvorbereitung werden Bauteile prozessideal orientiert, angeordnet, zu Baujobs zusammengestellt und mit Prozessparametern kombiniert, um die Fertigungsdaten zu erhalten. Für beide Tätigkeiten wird vereinfacht derselbe Personalstundensatz veranschlagt.

$$C_{prp} = C_{prp,bld} + C_{prp,mac} \tag{37}$$

$$C_{prp,bld} = \frac{t_{prp,bld} \cdot R_{emp}}{n_{prt}} \tag{38}$$

$$C_{prp,mac} = \frac{t_{prp,mac} \cdot R_{emp}}{n_{prt}} \tag{39}$$

$t_{prp,mac}$	Anlagenrüstzeit
$t_{prp,bld}$	Baudatenvorbereitungszeit
R_{emp}	Personalstundensatz
n_{prt}	Bauteile pro Baujob

Der Bauprozess verursacht die höchsten Kosten in der Prozesskette, was auf die kostenintensive Anlagentechnik sowie den vergleichsweise kleinen Volumenumsatz zurückzuführen ist. Neben den Anlagenkosten gehen auch Verbrauchsmittel in die Kostenrechnung mit ein.

$$C_{bld} = C_{con} + C_{mac} \tag{40}$$

C_{con}	Verbrauchsmittelkosten
C_{mac}	Anlagenkosten

Während eines Baujobs fallen diverse Verbrauchsmaterialien wie die teilweise abgetragene Bauplattform, Reinigungsmittel, Schutzbekleidung etc. an, die pauschal unter Verbrauchsmaterialkosten zusammengefasst werden. Andere Verbrauchsmittel, wie der Filter und das Schutzgas, sind an die Anlagenlaufzeit gekoppelt.

$$C_{con} = \frac{(R_{flt} + R_{gas}) \cdot t_{bld} + C_{msc}}{n_{prt}} \tag{41}$$

R_{flt}	Filterkostenrate
R_{gas}	Schutzgaskostenrate
t_{bld}	Bauzeit
C_{msc}	Verbrauchsmaterialkosten

Nach der kurzen initialen Flutung der Baukammer wird für das im Prozess verwendete Schutzgas ein konstanter, zeitabhängiger Verbrauch angenommen. Der Filter besitzt hingegen eine beschränkte Einsatzdauer, sodass sich eine zeitbezogene Filterkostenrate benennen lässt.

$$R_{flt} = \frac{P_{flt}}{t_{elt,flt}} \qquad (42)$$

P_{flt} Filterpreis

$t_{elt,flt}$ Filternutzungsdauer

Für die Berechnung der zeitabhängigen Kosten ist die möglichst genaue Vorhersage der Bauzeit von großer Bedeutung, da Maschinen-, Gas- und Filterkosten den größten Anteil an den Herstellungskosten verursachen. Die Bauzeit setzt sich aus den Prozesszeiten für Beschichten, Belichten der Kontur, Belichten der Bauteilschnittfläche und der Stützkonstruktion zusammen.

$$t_{bld} = \frac{t_{rct}}{n_{prt}} + t_{scn,A} + t_{scn,L} + t_{scn,sup} \qquad (43)$$

t_{rct} Beschichtungszeit

$t_{scn,A}$ Flächenbelichtungszeit

$t_{scn,L}$ Konturbelichtungszeit

$t_{scn,sup}$ Stützkonstruktionsbelichtungszeit

Die Beschichtungszeit ist näherungsweise konstant. Die Belichtungszeiten hingegen sind von der Geometrie, insbesondere von der Summe der zu belichtenden Flächen und der Länge aller Schnittkonturen, abhängig.

$$t_{scn,A} = R_{scn,A} \cdot \sum_{i=1}^{n_L} A_{scn,i} \qquad (44)$$

$$t_{scn,L} = R_{scn,L} \cdot \sum_{i=1}^{n_L} L_{scn,i} \qquad (45)$$

$$t_{scn,sup} = R_{scn,sup} \cdot \frac{V_{sup}}{h_L} \qquad (46)$$

$R_{scn,A}$ Flächenbelichtungsrate

$R_{scn,L}$ Konturbelichtungsrate

$R_{scn,sup}$ Supportbelichtungsrate

n_L Schichtanzahl

A_{scn} Belichtungsfläche einer Bauteilschicht

L_{scn} Belichtungskonturlänge einer Bauteilschicht

h_L Schichtstärke

Die Belichtungskonturlängen und -flächen des Bauteils lassen sich durch Schneiden der Bauteilgeometrie bestimmen. Die Stützkonstruktion wird hingegen explizit erzeugt. Daher wird das Supportvolumen V_{sup} durch die Schichtdicke n_L geteilt, um eine idealisierte Belichtungsfläche zu erhalten. Für diese lässt sich analog zu der prozessabhängigen Flächen- und Konturbelichtungsrate eine Supportbelichtungsrate definieren.

Die Schichtanzahl kann durch die gewählte Schichtstärke, die Bauteilhöhe und den Abstand zwischen Bauteil und Bauplattform (Offset) bestimmt werden.

$$n_L = \frac{D_{prt,z} + h_o}{h_L} \qquad (47)$$

$D_{prt,z}$ Bauteilhöhe

h_o Bauteiloffset

Der Kostenanteil der Anlage wird mit der zuvor berechneten Bauzeit und dem Maschinenstundensatz berechnet.

$$C_{mac} = R_{mac} \cdot t_{bld} \qquad (48)$$

R_{mac} Maschinenstundensatz

Der Maschinenstundensatz quantifiziert die durch die Anlage entstehenden Kosten pro Laufzeitstunde. Hinein spielen unter anderem Faktoren wie Investitionskosten, Abschreibungszeitraum, Zinsen, jährliche Laufzeit, Instandhaltungskosten, Raummiete und Stromverbrauch. Die Berechnung des Maschinenstundensatzes ist sehr individuell zu betrachten und kann beliebig feingliedrig bis hin zu den einzelnen Anlagenkomponenten aufgeschlüsselt werden. Der hier verwendete Maschinenstundensatz berücksichtigt lediglich die grundlegenden Faktoren Abschreibung, Stromverbrauch, Raummiete und Instandhaltung.

$$R_{mac} = \frac{\dfrac{P_{mac}}{t_{dep}} + C_{pow} + C_{rnt} + C_{svc}}{t_{utl}} \tag{49}$$

P_{mac} Anlagenpreis

t_{dep} Abschreibungszeitraum in Jahren

C_{pow} Jährlicher Stromverbrauch

C_{rnt} Jährliche Raummiete

C_{svc} Jährliche Instandhaltungskosten

t_{utl} Jährliche Nutzungsdauer

Im Anschluss an den Bauprozess sind einige prozessspezifische Nachbearbeitungsschritte wie Spanungsarmglühen, Trennen der Bauteile von der Plattform, Entfernen der Stützstruktur und Abrasivstrahlen notwendig.

$$C_{ppr} = C_{ht} + C_{ct} + C_{rm} \tag{50}$$

C_{ht} Wärmebehandlungskosten

C_{ct} Abtrennkosten

C_{rm} Supportentfernungskosten

Je nach verwendetem Material ist eine Wärmebehandlung notwendig, um durch den wiederholten Schmelzprozess induzierte Eigenspannungen abzubauen. Hierbei fallen die Kosten einmalig pro Job an und werden daher durch alle Bauteile geteilt.

$$C_{ht} = \frac{C_{ht,pj}}{n_{prt}} \tag{51}$$

$C_{ht,pj}$ Wärmebehandlungskosten pro Job

Ähnlich verhält es sich für das Abtrennen der Bauteile mittels Bandsäge oder Drahterodiermaschine. Auch hier werden alle Teile mit einem Schnitt abgetrennt und die Kosten entsprechend geteilt. Auf die Berechnung des Maschinenstundensatzes der Trennanlage wird verzichtet und stattdessen eine Pauschale je Bauplattform angenommen.

$$C_{ct} = \frac{C_{ct,pj}}{n_{prt}} \tag{52}$$

$C_{ct,pj}$ Trennkosten pro Plattform

Die Stützkonstruktion wird manuell entfernt und Oberflächen nachgearbeitet. Der Aufwand ist abhängig von Material und Größe der Bauteiloberfläche, die mit der Stützkonstruktion verbunden ist. Das obligatorische Abrasivstrahlen betrifft hingegen die gesamte Bauteiloberfläche. Die Flächenanteile können von der Geometrie abgeleitet werden. Für die Bearbeitungsraten wird auf statistische Werte zurückgegriffen.

$$C_{rm} = A_{sup} \cdot R_{rm} + A_{srf} \cdot R_{srf} \qquad\qquad (53)$$

A_{sup}	Supportete Oberfläche
R_{rm}	Supportentfernungsrate
A_{srf}	Bauteiloberfläche
R_{srf}	Abrasivstrahlrate

Als letzter Kostenpunkt der Herstellung ist die Qualitätssicherung zu nennen. Es können beliebig viele Qualitätssicherungsschritte vorgenommen werden. Hierzu gehören sowohl die Generierung von Begleitproben, die zerstörende Prüfung im Zug- oder Ermüdungsversuch und die Prozessüberwachung als auch die optische oder taktile Maßhaltigkeitsprüfung. Aufgrund der Vielfältigkeit wird für die Qualitätsprüfung ein pauschaler Wert angesetzt, der den individuellen Anforderungen entsprechend angepasst werden kann.

Nach all diesen Schritten liegt das rohe AM-Bauteil vor. Es folgen ggf. weitere Nachbearbeitungsschritte wie Fräsen von Funktionsflächen, Beschichtung und Montage, die jedoch weniger vom Herstellungsverfahren als von der individuellen Anwendung abhängen. Es ist ersichtlich, dass die Kostenberechnung von einer Vielzahl von Parametern abhängt, welche teilweise ebenfalls Abhängigkeiten besitzen. Alle betrachteten Parameter sind in Tabelle 4-7 kategorisiert und zusammengefasst.

Die Geometrieparameter müssen aus dem 3D-Modell erschlossen werden. Hierfür werden Netz-Modelle verwendet, da sich durch Analyse der einzelnen Facetten die Eigenschaften universell berechnen. Die zugehörigen Algorithmen werden in Abschnitt 6.5 erläutert.

Parameter mit der Abhängigkeit „Anwender" müssen entsprechend der Maschinen-, Material- und Prozesskombination gesetzt werden. Gleiches gilt für administrative Berechnungsgrundlagen wie die Maschinenstundensatzberechnung, den Personalstundensatz oder die Kosten für Wärmebehandlung und Abtrennen der Bauteile von der Bauplattform. Zur Quantifizierung der Modellparameter wird bspw. auf die durch Möhrle [13] erhobenen Daten verwiesen.

Tabelle 4-7: Kostenberechnungsparameter

	Parameter	Symbol	Abhängigkeiten
Geometrie	Bauteiloberfläche	A_{prt}	Geometrie
	Belichtungsfläche	A_{scn}	Geometrie
	Supportete Oberfläche	A_{sup}	Geometrie
	Bauteilmaße	$D_{prt,i}$	Geometrie
	Belichtungskonturlänge	L_{scn}	Geometrie
	Bauteilvolumen	V_{prt}	Geometrie
	Supportvolumen	V_{sup}	Geometrie

	Parameter	Symbol	Abhängigkeiten
Maschine	Verbrauchsmaterialkosten	C_{msc}	Anwender
	Stromverbrauch p.a.	C_{pow}	Anwender
	Raummiete p.a.	C_{rnt}	Anwender
	Instandhaltungskosten p.a.	C_{svc}	Anwender
	Bauraummaße	$D_{mac,i}$	Anwender
	Filterpreis	P_{flt}	Anwender
	Anlagenpreis	P_{mac}	Anwender
	Filterkostenrate	R_{flt}	P_{flt}, $t_{elt,flt}$
	Schutzgaskostenrate	R_{gas}	Anwender
	Maschinenstundensatz	R_{mac}	C_{pow}, C_{rnt}, C_{svc}, P_{mac}, t_{dep}, t_{utl}
	Abschreibungszeitraum	t_{dep}	Anwender
	Filternutzungsdauer	$t_{elt,flt}$	Anwender
	Anlagenrüstzeit	$t_{prp,mac}$	Anwender
	Beschichtungszeit	t_{rct}	Prozessparameter
	Nutzungsdauer p.a.	t_{utl}	Anwender
Prozess	Schichtstärke	h_L	Prozessparameter
	Bauteiloffset	h_o	Anwender
	Flächenbelichtungsrate	$R_{scn,A}$	Prozessparameter
	Konturbelichtungsrate	$R_{scn,L}$	Prozessparameter
	Supportbelichtungsrate	$R_{scn,sup}$	Prozessparameter
	Relative Supportdichte	φ_{sup}	Prozessparameter
Berechnung	Abtrennkosten pro Plattform	$C_{ct,pj}$	Anwender
	Wärmebehandlungskosten	$C_{ht,pj}$	Anwender
	Pulverkosten	C_{pwd}	Anwender
	Qualitätssicherungskosten	C_{qa}	Anwender
	Personalstundensatz	R_{emp}	Anwender
	Supportentfernungsrate	R_{rm}	Anwender
	Abrasivstrahlrate	R_{srf}	Anwender
	Baudatenvorbereitungszeit	$t_{prp,bld}$	Anwender
	Materialdichte	ρ_{mat}	Anwender
	Relativer Pulververlust	φ_{dep}	Anwender
Hilfsgrößen	Bauteile pro Baujob	n_{prt}	D_{prt}, D_{mac}
	Schichtanzahl	n_L	$D_{prt,z}$, h_L, h_o
	Bauzeit	t_{bld}	t_{rct}, $t_{scn,A}$, $t_{scn,L}$, $t_{scn,sup}$
	Flächenbelichtungszeit	$t_{scn,A}$	A_{scn}, n_L, $R_{scn,A}$
	Konturbelichtungszeit	$t_{scn,L}$	L_{scn}, n_L, $R_{scn,L}$
	Supportbelichtungszeit	$t_{scn,sup}$	$R_{scn,sup}$, V_{sup}, h_L

5 Generatives Grundmodell

Generatives Design kann durch Variation der Topologie sowie der direkten und indirekten Geometrieparameter erfolgen. In jedem Fall bedarf es eines Grundmodells, welches durch die Rand- und Nebenbedingungen bestimmt wird und anhand von Kontrollvariablen Designvarianten erzeugt (vgl. Abschnitt 2.2).

Im Fall der Topologievariation gehören zu diesen Variablen der Designbereich, die angestrebte Massereduktion, die Optimierungsmethode, die Gewichtungsparameter und der Lastfall. Die Geometrie ist zu Beginn, abgesehen vom begrenzenden Designbereich, weitestgehend undefiniert und bietet daher den größten Freiheitsgrad unter den Geometrievariationsmethoden. Im Gegenzug können geometrische Nebenbedingungen jedoch schwer oder nur indirekt berücksichtigt werden. Des Weiteren sind die Ergebnisse in der Regel nicht direkt verwendbar, sondern es ist stets eine manuelle Rückführung auf eine fertigbare CAD-Geometrie notwendig.

Bei der Geometrieoptimierung mittels direkter und indirekter Geometrieparameter müssen hingegen bereits diskrete Geometrievorlagen oder Generierungsalgorithmen existieren, um deren Form, Position, Relation, und Ausprägung manipulieren zu können. Dieses grenzt die Gestaltungsfreiheit der Methoden gegenüber der Topologievariation stark ein, erlaubt jedoch eine effizientere Optimierung sowie die Erzeugung diskreter, CAD-fähiger Geometriemodelle unter Berücksichtigung von direkt definierbaren Konstruktionsrichtlinien.

5.1 Konstruktionsrichtlinien

Im Design für die Additive Fertigung mittels LBM müssen stets der Prozess und die damit verbundenen Besonderheiten berücksichtigt werden. Hierbei gilt es, eine Vielzahl von Konstruktionsrichtlinien einzuhalten, die maßgeblich auf die Limitierung von Überhängen, Entfernbarkeit von Pulver und Stützmaterial sowie Abbildungstreue des digitalen Modells zurückzuführen sind. Bezüglich der grundlegenden Richtlinien wird beispielsweise auf Kranz [32] verwiesen. Für das Grundmodell eines Kühlkörpers ist insbesondere die Abbildbarkeit filigraner Strukturen von großer Relevanz, welche wiederum stark durch die Scanstrategie im Slicing dominiert wird.

Abbildung 5-1 zeigt unterschiedliche, dünne Querschnitte, ihre Scanpfade und resultierende Geometrien. Die Logik, nach welcher die Pfade erzeugt werden, wird auch als Scan-Strategie bezeichnet. Im ersten Schritt werden die Konturpfade generiert, die für die Oberflächenbeschaffenheit des Bauteils sorgen. Die Pfade besitzen einen regelmäßigen Abstand zur Außenkontur. Dieser Abstand ist abhängig von der Größe des Laserfokus und kann variiert werden, was sich jedoch direkt auf die Maßhaltigkeit der Geometrie auswirkt.

Innenliegende Flächen werden mit größerer Geschwindigkeit und Leistung durch das Hatching (Schraffur) belichtet. Hierfür existieren unterschiedliche Muster mit spezifischen Vor- und Nachteilen, die insbesondere für große Belichtungsflächen relevant sind.

Querschnittsbereiche, die zu dünn sind, um sie mittels Konturscan zu erreichen, würden weder durch Kontur noch mit Hatching belichtet und folglich nicht aufgebaut. Um dies zu vermeiden, existiert ein weiterer Belichtungstyp: Die Edge-Belichtung (Kante) nähert die verbleibende Fläche durch die kleinstmögliche Belichtung in Form einer einzelnen Linie

A. Struve, *Generatives Design zur Optimierung additiv gefertigter Kühlkörper*,
Light Engineering für die Praxis, https://doi.org/10.1007/978-3-662-63071-6_5

an. Insbesondere bei spitzen Ecken kann dies jedoch zu unvorhergesehenen Realkonturen führen, wie die Beispiele in Abbildung 5-1 zeigen.

So können scharfe geometrische Ecken nicht direkt abgebildet werden. Darüber hinaus werden dünne oder spitzzulaufende Bereiche durch die Edge-Belichtung nur näherungsweise generiert. In den Übergangsbereichen zwischen Kontur- und Edge-Belichtung kann es im ungünstigsten Fall zu geometrischen Kerben kommen, wie bei der Tragflächenform angedeutet ist.

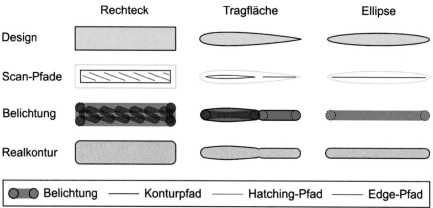

Abbildung 5-1: Auswirkung der Scan-Strategie auf die Formtreue filigraner Strukturen

Aus diesem Sachverhalt lassen sich Konstruktionsrichtlinien für das Kühlkörpergrundmodell ableiten. Zum einen sollten scharfe Kanten vermieden und mit einem geeigneten Radius angenähert werden. Zum anderen führt die Edge-Belichtung zu unbeabsichtigten Geometrien und sollte daher ebenfalls konstruktiv vermieden werden. Dies lässt sich durch den Einsatz von hinreichend großen Wandstärken umsetzen, welche stets zwei parallele Spuren zulassen, sodass die Konturbelichtung eingesetzt werden kann. Auch konvexe Krümmungsradien in den Belichtungspfaden müssen limitiert werden, um die gewünschte Form zu erhalten.

Abbildung 5-2 zeigt Kreis- und Quadratquerschnitte unterschiedlicher Außenmaße mit den resultierenden Scan-Pfaden unter den verwendeten standardmäßigen Einstellungen. Es ist erkennbar, dass zu kleine Querschnitte gänzlich verschwinden. Größere Bereiche werden zwar durch Konturpfade belichtet, jedoch kann es durch die Überlappung der Belichtung in der Mitte des Querschnitts zu Überhitzungen kommen, die zu einer Aufdickung der Geometrie durch Anschmelzung führen kann. Für die vorliegenden Slicing-Parameter werden daher eine minimale Wandstärke l_{min} von 0,7 mm und ein minimaler Radius r_{min} von 0,35 mm bei einem Offset von 0,1 mm bestimmt. Scharfe Kanten in Querschnittflächen werden bereits im Design durch Verrundungen der Größe r_{min} systematisch vermieden.

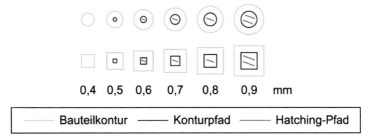

0,4 0,5 0,6 0,7 0,8 0,9 mm

——— Bauteilkontur ——— Konturpfad ——— Hatching-Pfad

Abbildung 5-2: Scan-Pfade in Abhängigkeit von der Querschnittsgröße

5.2 Haupteinflussgrößen

Um das Grundmodell zu definieren, müssen einige Voruntersuchungen hinsichtlich der grundlegenden Querschnittsform und Anordnung der Kühlelemente sowie der zu präferierenden Morphologie unternommen werden. Der Optimierungsaufwand des Grundmodells steigt mit Anzahl der Parameter drastisch an. Hinsichtlich einer effizienten Optimierung werden diese daher über Funktionen gekoppelt oder als konstant angenommen, wenn ihr Einfluss nur von geringer Bedeutung ist, bzw. ihr Optimum stets auf dem Rand des Definitionsbereichs liegt. Auf diese Weise wird das Grundmodell methodisch auf wenige Parameter und zugehörige Kontrollvariablen reduziert.

Um die geometrischen Haupteinflussfaktoren auf die Ausprägung des Wärmewiderstandes des Kühlkörpers zu identifizieren, werden unterschiedliche Faktoren mittel Simulation untersucht. Hierbei wird der Wärmewiderstand gegensätzlicher Designs im Strömungskanal bei einer Geschwindigkeit von 5 m·s^{-1} und 20,4 W Heizleistung bestimmt. Der Kanal ist hierbei stets größer als die Kühlkörperfront, sodass das Fluid die Möglichkeit besitzt, am Kühlkörper vorbei zu strömen, wenn sich ein zu hoher Luftwiderstand einstellt (vgl. Abschnitt 4.3).

Querschnittsform der Kühlelemente

Von kommerziellen Kühlkörpern ist bekannt, dass die Querschnittsform der Kühlelemente einen hohen Einfluss auf die Wärmeübertragung besitzt und auch die Orientierung in Relation zur Hauptströmungsrichtung eine entscheidende Rolle spielt (vgl. Abschnitt 3.1 und 3.2). Anhand der Simulation des vorliegenden Szenarios können unterschiedliche Querschnittsformen miteinander verglichen werden.

Es wird gezeigt, dass durchgängige Kühlrippen, wie sie von kostengünstigen Extrusionskühlkörpern bekannt sind, deutlich weniger Wärme zu übertragen vermögen als ein vergleichbarer Kühlkörper mit einzelnen Finnen (Abbildung 5-3). Die Unterbrechungen in den Rippen begünstigen Turbulenzen und somit die Wärmeübertragung. Die durchgängigen Wände bei Extrusionskühlkörpern sind auf den Produktionsprozess zurückzuführen, auf welchen beim Laserstrahlschmelzen weniger Rücksicht genommen werden muss. Einzelne Pins oder Finnen sind demnach zu bevorzugen.

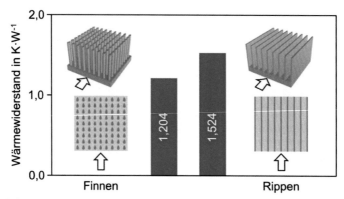

Abbildung 5-3: Vergleich zwischen durchgängigen Rippen und länglichen Finnen

Im direkten Vergleich unterschiedlicher Pin-Querschnitte bei gleicher Anordnung, Anzahl und Volumen wird gezeigt, dass auch der Kreisquerschnitt des Referenzkühlkörpers nicht der idealen Form entspricht (Abbildung 5-4). In Anlehnung an die Literatur (Abschnitt 3.2) weisen tragflächenförmige Querschnitte ein gutes Verhältnis aus Wärmeübertragung und Druckverlust auf. Die Folgerung liegt nahe, dass ein hoher Luftwiderstand für ein Umströmen des Kühlkörpers sorgt und der Kühlkörper nur wenig durchströmt wird.

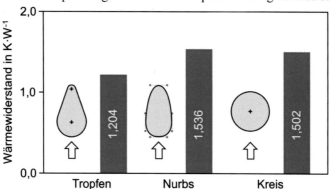

Abbildung 5-4: Vergleich unterschiedlicher Pin-Querschnitte im 9x9-Muster

Im Vergleich zwischen Kreisquerschnitt, Nurbs-Kurvengeometrie und Tropfenform wird Letztere als besonders gut geeignet identifiziert und daher auch für das Grundmodell bevorzugt. Der Querschnitt setzt sich aus zwei Kreisen zusammen, die durch tangentiale Linien verbunden sind (Abbildung 5-5). Bei dem minimalen Seitenverhältnis von 1 ergibt sich ein Kreis.

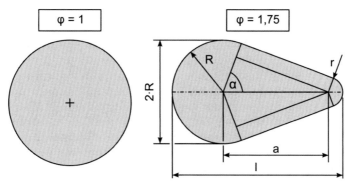

Abbildung 5-5: Geometrische Definition der Tropfenform

Der kleinere Radius r sollte hierbei so klein wie möglich ausgeführt werden, um ein spitzes Ende zu bilden. Das Fertigungsverfahren setzt hier allerdings Grenzen. Der Radius wird daher auf den kleinstmöglichen abbildbaren Wert von 0,35 mm festgelegt (vgl. Abschnitt 5.1). Als Hilfsgröße wird des Weiteren das Seitenverhältnis φ von Länge zu Breite des Tropfens eingeführt.

$$\varphi = \frac{l}{2 \cdot R} \tag{54}$$

a	Abstand der Kreismittelpunkte
α	Hilfswinkel
φ	Seitenverhältnis
l	Tropfenlänge
R	Großer Radius der Tropfenform

Neben den guten physikalischen Eigenschaften besitzt diese Form den Vorteil, dass die Querschnittsfläche analytisch berechnet werden kann. Bei gegebener Querschnittsfläche A und Seitenverhältnis φ des Tropfens lässt sich implizit auch der Radius R bestimmen, sofern ein zugehöriger Wert für die Kombination existiert.

$$A = R^2 \cdot (\pi - \alpha) + (R + r) \cdot a \cdot \sin(\alpha) + r^2 \cdot \alpha \tag{55}$$

$$R = -\frac{a \cdot \sin(\alpha)}{2 \cdot (\pi - \alpha)} + \sqrt{\left(\frac{a \cdot \sin(\alpha)}{\pi - \alpha}\right)^2 - \frac{r^2 \cdot \alpha + a \cdot r \cdot \sin(\alpha) - A}{\pi - \alpha}} \tag{56}$$

$$\alpha = \cos^{-1}\left(\frac{R - r}{a}\right) \tag{57}$$

$$a = R \cdot (2\varphi - 1) - r \tag{58}$$

A Querschnittsfläche

r Kleiner Radius der Tropfenform

Das Seitenverhältnis φ beeinflusst neben der Tropfenform auch die Länge und damit den Abstand zwischen den Elementen und korreliert so mit mehreren geometrischen Faktoren, welche sich auf den Wärmewiderstand auswirken. Abbildung 5-6 zeigt den resultierenden Wärmewiderstand von Kühlkörpern gleicher Masse bei einer symmetrischen Pin-Anzahl von $n \cdot n$ Pins in Länge und Breite. Es wird deutlich, dass der Wärmewiderstand bei allen aufgeführten Konfigurationen ab einem charakteristischen Wert von φ abnimmt. Wie im linken Diagramm zu sehen ist, kann die Erhöhung des Seitenverhältnisses nicht unbegrenzt fortgesetzt werden, sondern resultiert in der Verschmelzung hintereinanderliegender Pins zu einer durchgängigen Wand und der Wärmewiderstand steigt erneut an. Die Strömungsgeschwindigkeit (rechts) scheint jedoch nur geringe Auswirkungen auf die Lage des Optimums von φ zu haben. Aufgrund der komplexen, jedoch signifikanten Auswirkungen des Parameters, wird φ als erste Parameter der Optimierung ausgewählt.

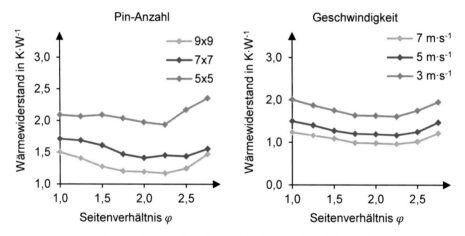

Abbildung 5-6: Einfluss des Tropfenseitenverhältnisses auf die Wärmeübertragung bei unterschiedlicher Pin-Anzahl (links) und Strömungsgeschwindigkeit (rechts)

Anzahl, Anordnung und Verteilung

Durch die Variation des Seitenverhältnisses der Pin-Querschnitte wurde bereits indirekt Einfluss auf die Abstände zwischen einzelnen Entitäten genommen. Der definierte Abstand hat neben der Größe des Spalts zwischen den Pins auch Einfluss auf die Anzahl der Pins, welche auf der Grundfläche Platz finden. Grundsätzlich ist die Aufteilung der Masse auf möglichst viele Pins und die damit einhergehende Vergrößerung der Oberfläche zu bevorzugen (Abbildung 5-7).

Aufgrund von prozessbedingten Beschränkungen kann dieser Ansatz jedoch nur eingeschränkt verfolgt werden. Auch nehmen mit steigender Anzahl der Pins die Abstände untereinander stetig ab, was sich wiederum negativ auf den Wärmewiderstand auswirkt. Der Abstand stellt somit den zweiten wichtigen Parameter dar, den es zu variieren gilt.

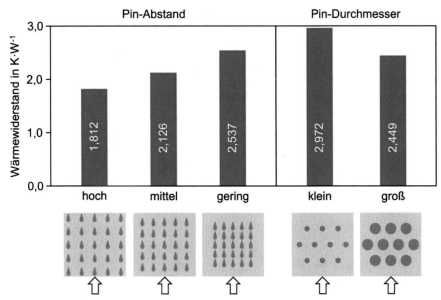

Abbildung 5-7: Einfluss des Pins-Abstands bei Pins gleicher Größe (links) und Einfluss des Pin-Durchmessers bei gleicher Verteilung (rechts)

Die Anordnung der Pins auf der vorgegebenen Basis kann auf unterschiedliche Weise geschehen und wirkt sich ebenfalls stark auf die Leistungsfähigkeit des Kühlkörpers aus. In einem periodischen Muster sind die Anordnungen im orthogonalen Gitter (Quad) und im reihenweiseversetzten Rautenmuster (Tri) zu nennen (Abbildung 5-8). Bei einer geringen Pin-Anzahl weist die versetzte Anordnung leichte Vorteile auf. Bei einer höheren Anzahl von Pins erweist sich jedoch die orthogonale Gitteranordnung als zielführender.

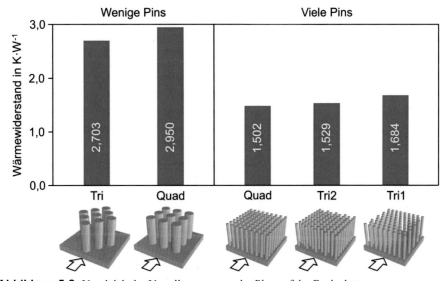

Abbildung 5-8: Vergleich der Verteilungsmuster der Pins auf der Basisplatte

Eine im algorithmenbasierten Design häufig verwendete Technik zur Manipulation von Verteilungen sind Einflussfelder in Form von Attraktor-Punkten oder -Kurven. Auch hinsichtlich der Verteilung der Pins kann diese Technik verwendet werden, um eine ortsangepasste Verteilung zu erwirken (Abbildung 5-9). Die Untersuchung unterschiedlich gradierter Pin-Verteilungsdichten hinsichtlich der Strömungsrichtung und dem Kühlkörpermittelpunkt zeigt jedoch, dass diese in diesem Fall keinerlei Vorteil mit sich bringt und die periodische Verteilung zu bevorzugen ist.

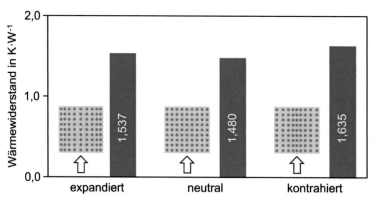

Abbildung 5-9: Einfluss gradierter Pin-Abstände

Höhenverteilung

Analog zur gradierten Abstandverteilung kann auch die Höhenverteilung der Pins lokal angepasst werden. Als Manipulator dienen hierbei ein Attraktor-Punkt oder eine Attraktor-Linie, die an die Richtung der Hauptströmung gekoppelt sind. Die Höhe der individuellen Pins ist hierbei proportional zum Abstand zwischen Pin und Attraktor. Je nach verknüpfender Funktion können durch einen Attraktor-Punkt konvexe oder konkave Höhenverteilungen erzielt werden. Unter Verwendung einer Attraktor-Linie orthogonal zur Strömungsrichtung können zudem lineare Steigungen realisiert werden.

Im Vergleich zur Referenz mit konstanter Höhe (neutral) können mittels konkaver Anordnung nur geringfügige Verbesserungen des Wärmewiderstands erzielt werden. Die Untersuchung konvexer Anordnungen zeigt hingegen eine Verbesserung durch eine Verteilung, bei der die längsten Pins der Strömung zugewandt sind (Abbildung 5-10). Da die erzielten Vorteile im Vergleich zu Form und Abstand der Pins nur einen geringen Einfluss besitzen, wird die Verteilung nicht weiter variiert, sondern die mutmaßlich beste konvexe Variante gewählt. Eine Attraktor-Linie sorgt hierbei für eine gleichmäßige Verteilung, wobei Pins, die die maximale Höhe überschreiten, getrimmt werden (vgl. Abschnitt 5.3).

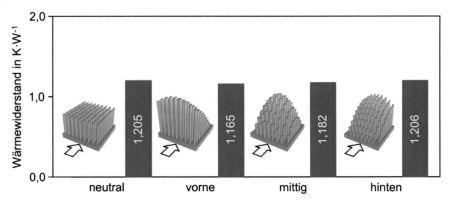

Abbildung 5-10: Konvexe Höhenverteilungen durch einen Attraktor-Punkt

Längenausprägung der Pins

Nicht nur die Länge der individuellen Pins, sondern auch ihre Ausrichtung und Querschnittsausprägung können variiert werden. So kann der Querschnitt beispielsweise bei gleichbleibender Form entlang der Extrusionskurve skaliert werden, sodass konische oder invers-konische Pins entstehen (Abbildung 5-11). Die Untersuchung mittels Simulation zeigt jedoch, dass hierdurch keinerlei Vorteile gegenüber einer konstanten Querschnittsform erzielt werden können.

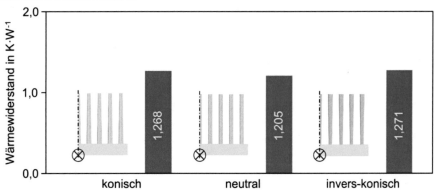

Abbildung 5-11: Einfluss der Konizität von Kühlelementen

Die Längenrichtung der Kühlelemente muss bei der Fertigung mittels LBM nicht zwangsläufig linear und senkrecht zur Grundplatte sein. Daher wurden Kühlkörpervariationen untersucht, bei denen die Pins linear oder durch eine Nurbs-Kurve der Strömung entgegen- oder abgeneigt wurden. Hierbei muss stets gewährleistet sein, dass sich Pins nicht gegenseitig schneiden und auch der Designbereich nicht verletzt wird.

Eine einfache lineare Neigung wirkt sich hierbei in jedem Fall negativ auf den Wärmewiderstand aus (Abbildung 5-12), während mittels Nurbs-Kurve kaum nennenswerte Verbesserungen erzielt werden, sodass von einer Implementierung in das Grundmodell abgesehen wird.

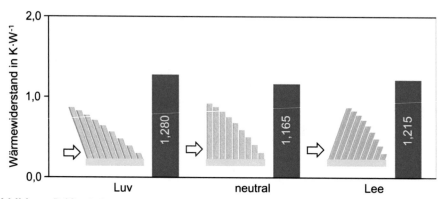

Abbildung 5-12: Einfluss der Neigung von Pins entgegen (Luv) und mit der Strömung (Lee)

Für das Grundmodell lassen sich die Erkenntnisse wie folgt zusammenfassen:

- Für den Pin-Querschnitt ist eine Tropfenform zu bevorzugen.
- Die Anordnung der Pins in einem orthogonalen Gittermuster weist bessere Eigenschaften auf als ein versetztes oder gradiertes Muster.
- Durch eine Variation der Pin-Höhen kann eine Verbesserung erzielt werden. Die längsten Pins sollten hierbei der Strömung zugewandt sein. Die Höhenverteilung wird dabei nicht variiert.
- Durch die Variation des Querschnitts über die Länge oder Neigung der Pins konnten keine nennenswerten Verbesserungen erzielt werden.

Pin-Abstand und -Querschnittsgröße haben den stärksten Einfluss auf die Wärmeübertragung. Hieraus lassen sich die drei wichtigsten Parameter ableiten. Der Parameter φ definiert das Seitenverhältnis der Tropfenquerschnitte. Bei gegebener Querschnittsfläche können daraufhin alle Geometrieparameter des Tropfens bestimmt werden. Um die Größe der Querschnittsfläche zu ermitteln, ist jedoch die Kenntnis über die Anzahl der Pins notwendig, welche wiederum von den Abstandsparametern a_x und a_y abhängt (Abbildung 5-13). Diese stellen zwei weitere Parameter des Modells dar. Der Ablauf der Geometriegenerierung wird im Folgenden näher erläutert.

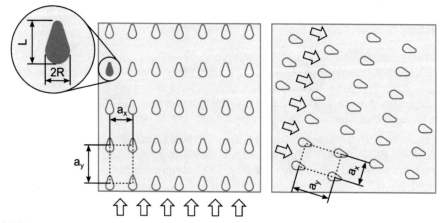

Abbildung 5-13: Identifizierte Parameter zur Generierung von Kühlkörpervarianten

5.3 Konstruktionsschema

Die Generierung der Geometrie erfolgt nach einem festgelegten Algorithmus. Zunächst müssen die Form und Größe der Tropfenkurve C und die Position der gültigen Basispunkte P_i bestimmt werden. Hierfür wird auf das Schema in Abbildung 5-14 zurückgegriffen.

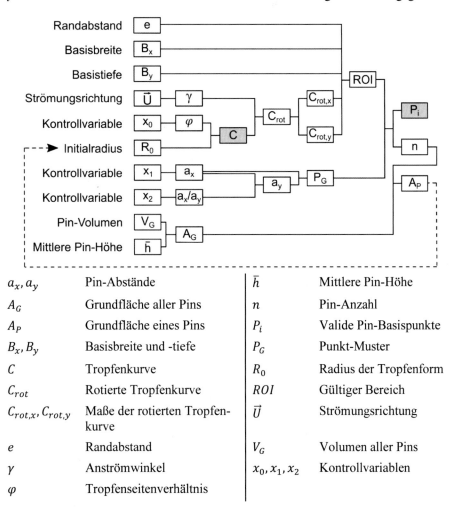

a_x, a_y	Pin-Abstände	$\bar{h}$	Mittlere Pin-Höhe
A_G	Grundfläche aller Pins	n	Pin-Anzahl
A_P	Grundfläche eines Pins	P_i	Valide Pin-Basispunkte
B_x, B_y	Basisbreite und -tiefe	P_G	Punkt-Muster
C	Tropfenkurve	R_0	Radius der Tropfenform
C_{rot}	Rotierte Tropfenkurve	ROI	Gültiger Bereich
$C_{rot,x}, C_{rot,y}$	Maße der rotierten Tropfenkurve	$\vec{U}$	Strömungsrichtung
e	Randabstand	V_G	Volumen aller Pins
γ	Anströmwinkel	x_0, x_1, x_2	Kontrollvariablen
φ	Tropfenseitenverhältnis		

Abbildung 5-14: Konstruktionsschema zur Bestimmung der Tropfenform und Pin-Positionen

Die Kontrollvariablen x_0, x_1 und x_2 besitzen jeweils den Definitionsbereich von 0 bis 1 und steuern die Geometrieerzeugung. Die übrigen initialen Parameter stammen aus dem vorliegenden Szenario (vgl. Abschnitt 4.3). Aus der Geometrie des Referenzkühlkörpers lassen sich die Abmaße der Grundplatte, der Randabstand der Pins sowie deren summiertes Volumen und mittlere Höhe ableiten. Zugunsten der Vergleichbarkeit wird das Volumen V_G und die belegte Grundfläche A_G als konstant angenommen. Die Randbedingungen der Simulation liefern die Strömungsrichtung und den einhergehenden Anströmwinkel, welche die Drehung der Pins sowie die Höhenverteilung beeinflussen.

Nach dem Blackbox-Prinzip des Generativen Designs (vgl. Abschnitt 2.2) werden die geometrischen Parameter φ, a_x und a_y über Nebenbedingungen an die Kontrollvariablen x_0, x_1 und x_2 gekoppelt. Das Seitenverhältnis φ kann minimal den Wert von 1 annehmen, welcher eine reine Kreisform repräsentiert. Untersuchungen im vorangegangenen Abschnitt haben des Weiteren gezeigt, dass auch sehr große Seitenverhältnisse nicht zielführend sind und außerdem die Restriktion der minimal zulässigen Wandstärke verletzten. Der Maximalwert für φ wird daher auf 2,5 festgelegt.

$$\varphi = (\varphi_{max} - \varphi_{min}) \cdot x_0 + \varphi_{min} = 1{,}5 \cdot x_0 + 1 \qquad (59)$$

x_0 Kontrollvariable

Der Parameter a_x definiert den Abstand der Pins quer zur Strömungsrichtung. Bei der Wahl der Nebenbedingungen ist zu berücksichtigen, dass Pins sich nicht überschneiden sollten. Auch sehr kleine Spalte wirken sich nachteilig aus, sodass a_x einen Wert zwischen 2 und 5 mm annehmen kann.

$$a_x = (a_{x,max} - a_{x,min}) \cdot x_1 + a_{x,min} = 3 \cdot x_1 + 2 \qquad (60)$$

a_x Pin-Abstand quer zur Strömungsrichtung

x_1 Kontrollvariable

Der Parameter a_y stellt das Pendant zu a_x in Längsrichtung der Strömung dar. Eine Anpassung ist notwendig, da sich der Abstand der Pins in Längsrichtung bei Variation von φ stetig verändert. Da die Pins lediglich in Strömungsrichtung größer werden können, wird die dritte Kontrollvariable über das Verhältnis von a_y zu a_x definiert, welches zwischen 1 und 2,5 liegen kann.

$$\frac{a_y}{a_x} = \left(\left(\frac{a_y}{a_x}\right)_{max} - \left(\frac{a_y}{a_x}\right)_{min} \right) \cdot x_2 + \left(\frac{a_y}{a_x}\right)_{min} = 1{,}5 \cdot x_2 + 1 \qquad (61)$$

a_y Pin-Abstand in Strömungsrichtung

x_2 Kontrollvariable

Für die fehlerfreie Erzeugung des Kühlkörpers sind nur diejenigen Pins zugelassen, welche sich vollständig auf der Grundplatte mit dem minimalen Randabstand platzieren lassen. Durch die vorgegebene Grundfläche aller Pins A_G verändert sich die Größe einer Tropfenkurve, die hierdurch die Systemgrenzen über- oder unterscheiten und die Anzahl verändern kann. Das Problem ist daher nur implizit mit Hilfe eines Startwertes R_0 und mehreren Iterationen lösbar.

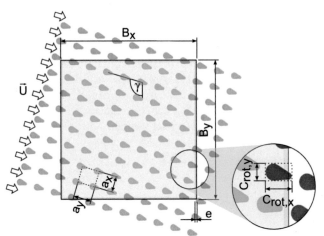

Abbildung 5-15: Parameter des Konstruktionsschemas in der Draufsicht des Kühlkörpers

Mit diesem Startwert von R und dem Seitenverhältnis φ lässt sich eine erste Tropfen-kurve C berechnen und dem Anströmwinkel entsprechend ausrichten (C_{rot}). Die Außen-maße der Kurve im Hauptkoordinatensystem $C_{rot,x}, C_{rot,y}$ werden mit dem Randabstand e sowie den Abmaßen der Grundplatte B_x, B_y genutzt, um einen gültigen Bereich (ROI) zu definieren. Nur wenn sich der Basispunkt eines Pins in diesem Bereich befindet, wird sich auch der zugehörige Pin vollständig auf der Platte wiederfinden.

Die ROI kann somit genutzt werden, um gültige Punkte P aus einem periodischen Muster P_G zu filtern. Um dieses Muster zu generieren, werden mit R und den Kontrollvariablen x_1 und x_2 die Pin-Abstände a_x und a_y bestimmt und eine hinreichend große Anzahl an Punkten generiert.

Die Anzahl der gültigen Punkte n lässt Rückschlüsse auf die Soll-Größe eines Pin-Quer-schnitts A_P zu. Ist die Abweichung von der Ist-Größe zu groß, wird aus A_P ein neues R_0 berechnet und das Schema erneut abgearbeitet. Da relativ wenige geometrische Operatio-nen notwendig sind, ist der Vorgang kaum rechenintensiv und benötigt wenige Millise-kunden. Es ergibt sich die Liste der gültigen Pin-Positionen sowie die zugehörige Trop-fenkurve. Zuletzt müssen die individuellen Höhen der einzelnen Pins h_i bestimmt werden (Abbildung 5-16).

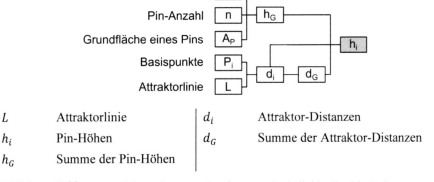

L	Attraktorlinie	d_i Attraktor-Distanzen
h_i	Pin-Höhen	d_G Summe der Attraktor-Distanzen
h_G	Summe der Pin-Höhen	

Abbildung 5-16: Konstruktionsschema zur Bestimmung der individuellen Pin-Höhen

Zu den bekannten Größen kommt die Attraktorlinie L hinzu, welche stets in der Ebene der Grundplatte und senkrecht zur Strömungsrichtung liegt (Abbildung 5-17). Ihr Abstand zum Mittelpunkt der Grundplatte ist konstant. Die Abstände zwischen Attraktorlinie L und den individuellen Punkten P_i ergeben die Distanzen d_i. Diese verhalten sich proportional zu den zu berechnenden Pin-Höhen h_i, müssen jedoch noch skaliert werden. Hierzu werden die Summen der Höhen h_G und der Distanzen d_G genutzt. h_G kann hierbei aus dem zur Verfügung stehenden Pin-Volumen V_G, der Anzahl der platzfindenden Pins n und der Grundfläche eines einzelnen Pins A_P berechnet werden.

$$h_G = \frac{V_G}{n \cdot A_P} \tag{62}$$

$$h_i = d_i \cdot \frac{h_G}{d_G} \tag{63}$$

Mit Hilfe dieser Information können die Pins entsprechend ihrer berechneten Höhe anhand der zuvor bestimmten Querschnittsform extrudiert und mittels boolescher Operation mit der Grundplatte verbunden werden.

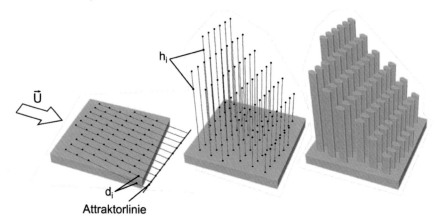

Abbildung 5-17: Erzeugung von Pins unterschiedlicher Höhe mittels Attraktorlinie

Das vorgestellte Schema stellt die Implementierung des zuvor erdachten Grundmodells dar und erlaubt, mit geringem numerischem Aufwand eine Vielzahl von Konstruktionsvarianten zu erzeugen, welche mittels Simulation miteinander verglichen werden können. Die konkrete Umsetzung als Python-Code kann dem Appendix entnommen werden.

6 Automatisierung mittels Software

In den vorangegangenen Kapiteln wurden die Grundlagen geschaffen, um mittels Generativem Design Kühlkörpervarianten zu erzeugen sowie ihre jeweiligen Herstellkosten und Wärmewiderstände zu bestimmen. Diese Schritte sind jedoch weitestgehend entkoppelt und bedürfen einer Verknüpfung mittels Software, welche die automatische Berechnung und Auswertung einer Vielzahl von Konstruktionsvarianten ermöglicht, sodass eine Optimierung durchgeführt und die bestmögliche Variante gefunden werden kann. Das Kapitel widmet sich daher der softwareseitigen Verknüpfung der Elemente anhand eines Minimalbeispiels.

Hierfür kann nach aktuellem Stand der Technik auf keine einheitliche Lösung zurückgegriffen werden (vgl. Abschnitt 3.1). Daher wird in Abschnitt 6.1 zunächst eine Architektur dargelegt, welche die Vorteile unterschiedlicher Softwarewerkzeuge miteinander vereint und konzeptionell auf beliebige physikalische Problemstellungen übertragen werden kann. Nachfolgend werden in Abschnitt 6.2 anhand eines simplen mechanischen Problems die identifizierten Schnittstellen entwickelt. Abschnitt 6.3 widmet sich dem Optimierungsalgorithmus, welcher die verschiedenen Varianten bewertet und daraufhin iterativ neue Kontrollvariablenwerte generiert. Die Interaktion mit dem Anwender erfolgt über eine grafische Benutzeroberfläche, welche in Abschnitt 6.4 näher erläutert wird. Die Implementierung des automatisierten Kostenmodells auf Basis einer gegebenen Geometrie wird in Abschnitt 6.5 vorgestellt.

6.1 Softwarearchitektur

Die Anforderungen an die Software beinhaltet die geschlossene Abbildung aller zuvor entwickelten Einzelschritte innerhalb einer einzigen GUI (General User Interface). Zu den wichtigsten Anforderungen gehören hierbei:

- Grafische Benutzerschnittstelle zur Eingabe und Visualisierung relevanter Daten
- Algorithmengesteuerte Generierung von Volumen- und Netzgeometrien
- Simulation eines gegebenen Szenarios
- Berechnung der Herstellkosten auf Basis der gegebenen Geometrie
- Auslesen und Bewertung der Berechnungsergebnisse

6.1.1 Auswahl der Komponenten

Gängigen CAD-Programmen mangelt es meist an geeigneten Simulations- und Programmierschnittstellen, während sich eine Simulationssoftware im Gegenzug ungeeignet für das Design erweist. Beide Softwaretypen verfügen darüber hinaus in der Regel nicht über die Möglichkeit, eigenständige Benutzeroberflächen zu erzeugen. Um diese Einschränkungen zu überwinden, wird daher eine neutrale Entwicklungsumgebung gewählt, während Geometrie- und Simulationsfunktionalität im Hintergrund verwaltet werden.

Die Auswahl der Entwicklungsumgebung und Programmiersprache hängt dabei davon ab, welche Schnittstellen die Geometrie- und Simulationskomponenten bieten (vgl. Abschnitt 3.3). Für die Generierung von Geometrie sowie deren Darstellung wird auf die Software Rhino zurückgegriffen, da hier die Möglichkeit besteht, von außerhalb auf die Funktionen der Software zurückzugreifen, ohne die korrespondierende GUI selbst auszuführen.

© Der/die Autor(en), exklusiv lizenziert durch
Springer-Verlag GmbH, DE, ein Teil von Springer Nature 2021
A. Struve, *Generatives Design zur Optimierung additiv gefertigter Kühlkörper*,
Light Engineering für die Praxis, https://doi.org/10.1007/978-3-662-63071-6_6

Die erste Möglichkeit besteht in der Verwendung einer REST-Schnittstelle (Representational State Transfer) [94]. Es existieren Bibliotheken in C#, JavaScript und Python, welche grundlegende Klassen und Methoden für verschiedene Geometrietypen zur Verfügung stellen. Für komplexere geometrische Operationen ist jedoch ein zentraler Berechnungsserver notwendig, der die geometrischen Berechnungen durchführt und das Ergebnis übergibt. Dies ist besonders für Webanwendungen geeignet, bei denen der Endanwender nicht über die notwendige Softwareinstallation und -lizenz bzw. Rechenkapazitäten verfügt. Für den vorliegenden Fall ist diese Lösung jedoch weniger zielführend, da die Interaktion mit dem Server die Berechnung unnötig verlangsamt. Eine Visualisierung der Geometrie ist nur indirekt durch eine Übersetzung in Facettenkörper möglich.

Die zweite Möglichkeit besteht in der Verwendung der sogenannten Bibliothek „Rhino Inside", welche dafür konzipiert ist, Funktionen in Form von Plugins in Fremdsoftware einzubetten [95]. Hierbei wird der Prozess im Hintergrund ausgeführt und kann durch die Methoden und Klassen der zugehörigen Schnittstelle gesteuert werden. Neben der Verwendung der Geometriefunktionen können auch einzelne GUI-Elemente, wie beispielsweise das Grafikfenster mitsamt 3D-Controller, in 64-bit Applikationen eingebettet werden. Auf diese Weise können alle Anforderungen an die Geometrieverarbeitung und -darstellung erfüllt werden. Dies legt die zu verwendende Programmiersprache C# fest, da nur hier die entsprechenden Bibliotheken existieren.

Als Framework für die Entwicklung in C# wird entsprechend .NET gewählt. Das .NET Framework zeichnet sich durch seine umfangreichen Klassenbibliotheken aus und wird für die Entwicklung von Anwendungen und Bibliotheken verwendet. In dieser Umgebung ist es möglich, Benutzeroberflächen zu gestalten und weitere Funktionen wie die Schnittstellenentwicklung, die Kostenberechnung und die Optimierung vorzunehmen.

Bezüglich der multiphysikalischen Simulation der Kühlkörper wurden in Abschnitt 4.3 bereits Modelle in Comsol beschrieben. Die Software besitzt verschiedene Schnittstellen, um Simulationen zu automatisieren. Beispielsweise können einfache Apps mit Hilfe von Java-Bibliotheken oder der integrierten Entwicklungsumgebung erstellt werden, welche jedoch nicht mit den zuvor beschriebenen Geometriebibliotheken kompatibel sind. Die Automatisierung kann jedoch auch unabhängig von einer solchen App erfolgen, indem das Simulationsmodell mittels Java-Code als Textdatei aufgebaut, kompiliert und über einen Konsolenbefehl ausgeführt wird. Als Ergebnis liegen die berechneten Datensätze vor.

Um die Ergebnisse zu visualisieren, werden die Datensätze durch die Visualisierungssoftware ParaView nach einem vorgegebenen Schema interpretiert und als Bild oder 3D-Netzdatei abgelegt.

6.1.2   Datenmodell

In Abbildung 6-1 ist die zuvor erläuterte Architektur skizziert. In die .NET Framework
Applikation sind Rhino als Geometriekomponente, Comsol als Simulationskomponente
und ParaView zur Verarbeitung der Simulationsdatensätze integriert. Mittels initialer Parameter wird mit Hilfe des Grundmodells unter Berücksichtigung der geometrischen Nebenbedingungen ein erstes CAD-Modell generiert und an die Simulation übergeben. Hier
wird die Geometrie in das Simulationsszenario eingebunden und berechnet. Das Ergebnis
ist ein Datensatz, aus welchem ein koloriertes Oberflächennetz zur Visualisierung sowie
die für die Optimierung relevante Zielgröße extrahiert werden können. Auf Basis der Zielgröße wird durch den Optimierer ein neuer Parameter generiert und die nächste Iteration
gestartet. Diese Schleife wird so lange wiederholt, bis die maximale Anzahl an Iterationen
oder das Abbruchkriterium erfüllt sind.

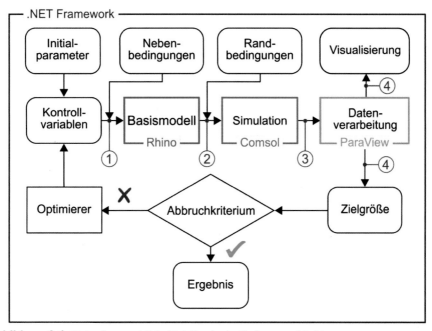

Abbildung 6-1: Datenfluss und Schnittstellen in der Softwarearchitektur

Durch diesen Aufbau entstehen vier Schnittstellen für die Übergabe von Daten. Durch
Schnittstelle (1) werden die Kontrollparameter unter Berücksichtigung der geometrischen
Nebenbedingungen (NB) in das Grundmodell gespeist, um die Geometrie zu erzeugen.
Diese wird durch Schnittstelle (2) in Form einer STEP-Datei gemeinsam mit physikalischen Randbedingen (RB) im Java-Code referenziert, aus welchem das Simulationsmodell
(Java-Class) kompiliert wird. Schnittstelle (3) löst die Simulation aus und gibt als Ergebnis das berechnete Simulationsmodell selbst und den relevanten Datensatz im VTU-For-
mat (Visualization Toolkit for Unstructured Grid) aus. Der Datensatz beinhaltet die Koordinaten sowie ausgewählte physikalische Zustände eines jeden Knotens. Zur Visualisierung müssen diese Datenpunkte in ein koloriertes Netz überführt werden, welches als Po-
lygon-Datei (PLY) gespeichert werden kann. Die ausgewählten Zielgrößen selbst werden
im CSV-Textformat (Comma-Separated Values) gespeichert und durch den Optimierer

eingelesen. Die Erstellung dieser beiden Dateien erfolgt durch Schnittstelle (4). Die Interaktion zwischen den Softwarekomponenten und das zugehörige Austauschformat sind in der nachfolgenden Tabelle 6-1 zusammengefasst.

Tabelle 6-1: Softwareschnittstellen für die Automatisierung

Schnittstelle	Interaktion	Dateiformat
(1) Geometrieerzeugung	GUI - Rhino - NB	RhinoDoc
(2) Simulationsmodell	Rhino - Comsol - RB	STEP, JAVA, CLASS
(3) Ergebnisausgabe	Comsol - GUI	CSV
(4) Optimierung	Comsol - ParaView - Rhino	VTU, PLY

Zum Aufsetzen der Entwicklungsumgebung müssen einige Voraussetzungen erfüllt sein, um auf die notwendigen Komponenten zugreifen zu können. Hierzu gehören zum einen die Installationen von Rhino, Comsol und ParaView, aber auch einige notwendige, nicht-standardmäßige Bibliotheken. Die verwendeten Komponenten und Versionen sind in Tabelle 6-2 zusammengefasst.

Tabelle 6-2: Vorausgesetzte Software

	Bezeichnung	Funktion	Version
Software	Rhino	Geometrie	7.0.20126.10465
	Comsol	Simulation	5.5
	ParaView	Datenverarbeitung	5.8.0
	Java	Kompilierung	1.8.0_191
	Microsoft .NET Framework	Entwicklung	4.8.03761
Bibliotheken	RhinoCommon	Abhängigkeit RhinoInside	v7.0.20119.13305-wip
	Grasshopper	Abhängigkeit RhinoInside	v7.0.20119.13305-wip
	RhinoWindows	Abhängigkeit RhinoInside	v7.0.20119.13305-wip
	RhinoInside	Rhino Schnittstelle	v0.2.0

Das Projekt wird als Windows Forms Application (.NET Framework) entwickelt. Zusätzlich zur Installation der Bibliotheken muss zur Initialisierung der Hauptklasse der RhinoInside Resolver aufgerufen werden, um die Funktionalität der Rhino-Komponenten sicherzustellen. Zur Erprobung der Architektur wird ein mechanisches Minimalbeispiel herangezogen, an welchem sich sowohl die Architektur als auch die Optimierung verdeutlichen lassen.

6.2 Schnittstellen

Die Entwicklung der identifizierten Schnittstellen anhand des finalen Kühlkörpermodells ist aufgrund des hohen Berechnungsaufwands nicht zielführend. Als Szenario für die Entwicklung der Schnittstellen der Softwarearchitektur wird daher ein einfacher Biegebalken unter konstanter Flächenlast gewählt, da sich dieses Problem vergleichsweise schnell berechnen lässt und auch die Funktionsweise des Optimierers deutlicher veranschaulicht werden kann (Abbildung 6-2).

Ziel des Entwicklungsbeispiels ist es, die Geometrie anhand der Kontrollparameter - den beiden veränderlichen Koordinaten des Steuerpunktes - mittels Algorithmus zu erzeugen. Die Koordinaten werden hierbei durch den Definitionsbereich beschränkt, sodass der Balken die vorgegebenen Dimensionen nicht über- oder unterschreitet. Sollte der Optimierer ein Wertepaar außerhalb des Gültigkeitsbereichs generieren, wird diesem ein sehr schlechter Funktionswert zugewiesen.

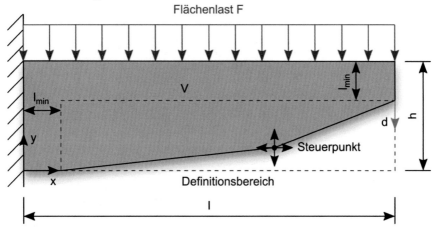

Abbildung 6-2: Definition der Biegebalkenform durch die Parameter des Steuerpunktes

Die Geometrie wird an das Simulationsmodell übergeben und der resultierende Datensatz gespeichert. Ziel der Optimierung ist die Minimierung des Verhältnisses von Masse zu Steifigkeit. Durch das isotrope Material kann statt der Masse auch das Volumen herangezogen werden. Als Indikator für die Nachgiebigkeit wird die maximal auftretende Durchbiegung am Balkenende genutzt. Da sich die Nachgiebigkeit reziprok zur Steifigkeit verhält, ist die zu minimierende Größe ψ das Produkt aus Balkenvolumen und Durchbiegung. Die Details des gewählten Szenarios sind in Tabelle 6-3 zusammengefasst.

Tabelle 6-3: Parameter und Randbedingungen des Balkenmodells

Kontrollvariablen	Punktkoordinaten
	• x_0, x_1 bzw. x, y
Nebenbedingungen	Definitionsbereich
	• $l_{min} \leq x \leq l$
	• $0 \leq y \leq h - l_{min}$
Randbedingungen	• Material: Aluminium
	• Feste Einspannung
	• Flächenlast $F = 50\ kN$
	• Länge $l = 1000\ mm$
	• Maximale Breite und Höhe $h = 200\ mm$
	• Minimale Materialdicke $l_{min} = 50\ mm$
Optimierer	Zielgröße
	• $\psi = V \cdot d = Balkenvolumen \cdot Verschiebung$
	Minimierungsziel
	• $min(\psi)$
	Abbruchkriterium
	• Anzahl der Iterationen $i > 20$
	• Änderung der Zielgröße zwischen Iterationen $\Delta\psi < 5\ \%$

6.2.1 Geometrieerzeugung

Unter Verwendung der RhinoCommon Geometriebibliothek kann der Biegebalken mittels Code erzeugt werden. Den einzigen variablen Punkt stellt der Steuerpunkt mit den Koordinaten x, y dar. Die sechs Punkte der Seitenwand werden hierzu zu einer Punkteliste zusammengefasst und zu einem geschlossenen Polygon verbunden. Über dieses Polygon kann eine planare Fläche aufgespannt und in Normalenrichtung extrudiert werden, um den Volumenkörper zu bilden (Abbildung 6-3).

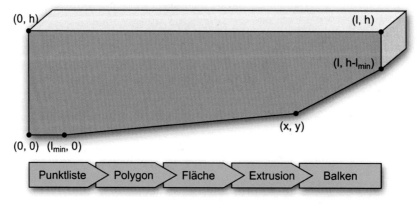

Abbildung 6-3: Koordinatenpunkte zur Definition der Balkengeometrie

Für die Variation der Geometrie über Parameter werden die variablen globalen Koordinaten x, y mit den Kontrollvariablen x_0 und x_1 in Relation gesetzt, wobei die Kontrollvariablen Werte zwischen 0 und 1 annehmen können und somit der Definitionsbereich und die geometrischen Nebenbedingungen eingehalten werden. Der geschlossene Volumen-körper wird im STEP-Format gespeichert und dient als Eingabe für das Simulationsmodell.

$$x = l_{min} + x_o \cdot (l - l_{min}) \qquad\qquad x_o \, \epsilon \, 0 \dots 1 \qquad (64)$$

$$y = x_1 \cdot (h - l_{min}) \qquad\qquad x_1 \, \epsilon \, 0 \dots 1 \qquad (65)$$

x, y Absolutkoordinaten des Steuerpunktes

x_0, x_1 Kontrollvariablen

6.2.2 Simulationsmodell

Die einfachste Weise, ein anpassbares Simulationsmodell zu generieren, besteht im ma-nuellen Aufbau des Modells und anschließenden Export des zugrundeliegenden Java-Codes in Klartext. Variable Größen, wie Dateipfade oder Randbedingungen, werden hier-bei durch Schlüsselwörter ersetzt. Auf diese Weise kann die Textdatei als Vorlage dienen, in der lediglich die Schlüsselwörter ersetzt werden. Im vorliegenden Beispiel sind dies die Dateipfade der Import-Geometrie und des zu exportierenden Datensatzes. Aber auch Ma-terialeigenschaften oder die Kraftamplitude können auf diese Weise übergegeben werden.

Der Java-Code beinhaltet den Import der notwendigen Bibliotheken, der Definition der Simulationsmodell-Klasse und der Hauptmethode, welche einzig den Zweck hat, die Ini-tialisierung der Simulationsmodell-Klasse aufzurufen. An dieser Stelle sind alle notwen-digen Schritte definiert, um das Simulationsmodell aufzubauen, welches sich bezüglich der Gliederung weitestgehend mit dem Modellbaum in der Desktopanwendung deckt. Die einzelnen Codesegmente des Simulationsmodells lassen sich nach Tabelle 6-4 gliedern.

Tabelle 6-4: Segmente der Simulationsmodell-Klasse

Segment	Inhalt
Initialisierung	• Instanziierung der Modell-Klasse
	• Metadaten
	• Modellparameter
Geometrie	• Import von Geometrie
	• Erzeugen von Geometrie
	• Definition von Selektionsgruppen
Material	• Definition der Materialeigenschaften

Segment	Inhalt
Physik	• Physikalische Modelle
	• Randbedingungen
	• Verknüpfung mit Geometrie
Netz	• Vernetzungseinstellungen
Studie/Solver	• Einstellungen des FE-Solvers
Export	• Formatierung der Ergebnisanzeige und Dateien

Im Fall des Biegebalkens wird die Geometrie aus der zuvor erstellten STEP-Datei importiert. Die importierte Geometrie muss stets neu vernetzt werden. Daher können Punkte, Flächen und Volumina nicht explizit angesprochen werden. Stattdessen müssen hierfür Selektionen angelegt werden, die die relevanten Bereiche aus der Geometrie herausfiltern. Hierzu gehören beim Biegebalken die Einspannung, die Lastfläche und die Spitze des Balkens, dessen Verschiebung in die Zielgröße ψ einfließt.

Die einzigen obligatorischen Materialeigenschaften für dieses Modell stellen das Elastizitätsmodul und die Querkontraktionszahl für das linear-elastische Physikmodell dar. Randbedingungen sind hierbei die feste Einspannung sowie die Flächenlast, welche gleichmäßig auf die Oberseite verteilt wird. Die Vernetzung erfolgt mittels Tetraederelementen zur Simulation des stationären Endzustandes.

Um die Daten nach der Berechnung automatisch zu exportieren, muss der aus der Lösung resultierende Datensatz als Exportelement hinzugefügt werden. Hierzu ist eine weitere Modifikation des Java-Codes notwendig, wobei der Export-Befehl hinter den Befehl zur Berechnung des Modells eingefügt wird. Die Kompilierung des Codes zu einem berechenbaren Modell im Java-Class-Format erfolgt über den Konsolenaufruf:

```
comsolcompile
    <java-filepath>
    -jdkroot <jdk-path>
```

Aus der hieraus entstandenen Klassen-Datei kann die Berechnung erfolgen:

```
comsolbatch
    -inputfile <java-class-path>
    -outputfile <result-path>
    -batchlog <log-path>
```

Während des Prozesses wird neben dem berechneten und inspizierbaren FE-Modell die Log-Datei des Berechnungsvorgangs und der exportierte Datensatz ausgegeben. Des Weiteren entsteht zur Laufzeit eine Status-Datei, welche die drei Stati „Running", „Done" oder „Error" beinhaltet und genutzt werden kann, um den Prozess zu überwachen, ohne die Inhalte der Log-Datei interpretieren zu müssen.

6.2.3 Ergebnisausgabe

Der exportierte Datensatz liegt als unstrukturiertes Raster vor und beinhaltet die Koordinaten eines jeden Elements sowie die zugeordnete berechnete Eigenschaft und kann automatisiert durch ParaView ausgewertet werden. In diesem Fall handelt es sich bei den Datensätzen um die Amplituden der Verschiebungen d_x, d_y und d_z eines jeden Elements, welche den Raumkoordinaten x, y und z zugehörig sind. Zur Aufbereitung der Daten werden die Komponenten zunächst zu einem Vektor zusammengesetzt. Hierzu werden sie mit dem korrespondierenden Einheitsvektor multipliziert und summiert. Anschließend wird auch der Betrag gebildet.

$$\vec{d} = \begin{pmatrix} d_x \\ d_y \\ d_z \end{pmatrix} \tag{66}$$

$$|\vec{d}| = \sqrt{d_x^2 + d_y^2 + d_z^2} \tag{67}$$

$\vec{d}$ Verschiebungsvektor

d_x, d_y, d_z Verschiebungskomponenten

Durch die explizite Auswertung des Betrags der Verschiebung am Balkenende oder das Herausfiltern des Maximalwerts kann d_{max} als erster Teil der Zielgröße ψ bestimmt werden. Das Volumen V kann direkt aus den Volumeneigenschaften der generierten STEP-Datei gelesen werden.

Zur Generierung eines verzerrten und kolorierten Oberflächennetzes sind weitere Verarbeitungsschritte notwendig. Zunächst wird das importierte FE-Netz entsprechend des Verschiebungsvektorfeldes verzerrt, um die Ansicht eines verformten Balkens zu erhalten, und dann entsprechend des Betrags eingefärbt. Für die Anzeige wird lediglich die Oberflächeninformation benötigt. Diese wird entsprechend extrahiert und im PLY-Format mit Farbinformation gespeichert.

Diese Vielzahl von Operationen lässt sich in Form eines Makros automatisieren. Als Interpreter wird die ParaView-eigene Python-Umgebung „pvpython" gewählt. Das Makro muss jedoch angepasst werden, um den Dateipfad des Datensatzes sowie den Export-Pfad festzulegen. Hierzu wird der Arbeitsordner, in dem sich bereits der rohe Datensatz befindet, als Argument hinzugefügt und durch den Argument-Parser verarbeitet.

```
pvpython <macro-path> <work-directory>
```

Ergebnis dieser Datenverarbeitung ist das verzerrte und eingefärbte Oberflächennetz des Balkens für die 3D-Visualisierung in der GUI sowie die Zielgröße im Textformat zur Interpretation durch den Optimierer.

Abbildung 6-4 zeigt die Ordnerstruktur und die erzeugten Dateien für jeden berechneten Datenpunkt. Beim Start der Applikation wird ein temporärer Arbeitsordner erzeugt, welcher die Log-Datei, bereits berechnete Simplex-Konfigurationen und Unterordner für die Berechnung der einzelnen Eckpunkte des Simplex beinhaltet. Jeder Unterordner beinhaltet die bereits beschriebenen Dateien für Geometrie, Simulationsmodellerzeugung, Simulationsmodell und aufbereitete Ergebnisse. Aufgrund der anfallenden hohen Datenmenge werden Zwischenergebnisse regelmäßig gelöscht, um Speicherplatz freizugeben.

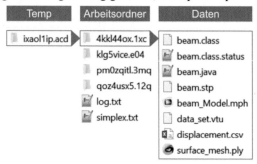

Abbildung 6-4: Ordnerstruktur und erzeugte Dateien während der Berechnung

6.3 Optimierung

Je nach Problemstellung muss aus der Vielzahl der existierenden Optimierungsstrategien die am besten geeignete Methode ausgewählt werden. Da die Zielfunktion nicht ableitbar ist, können gradientenbasierte Verfahren ausgeschlossen werden. Für das vorliegende Szenario wird ebenfalls von Optimierern abgesehen, da sie eine große Anzahl von Auswertungen innerhalb einer Iteration benötigen. Da Berechnungsschritte nacheinander abgearbeitet werden, führt dies zu einer sehr langen Berechnungszeit. Bei einer Parallelisierung via Berechnungscluster können diese Strategien bezüglich der Skalierung jedoch zielführend sein.

Das Downhill-Simplex-Verfahren ist einer der bekanntesten Optimierer und wird auch als Nelder-Mead-Methode bezeichnet. Das Verfahren zeichnet sich durch seine Robustheit aus und benötigt keine Ableitung der Zielfunktion. Die Anzahl der freien Parameter ist nicht beschränkt, der Berechnungsaufwand für die Initialisierung nimmt jedoch zu. Der Ablauf der Optimierung ist im Diagramm in Abbildung 6-5 dargestellt.

Bei dem Verfahren wird im Koordinatenraum der Optimierungsparameter das simpelste Volumenelement - das Simplex - aufgespannt, wobei für jeden Eckpunkt der Wert der Zielfunktion ermittelt wird. Auf diese Weise können die Punkte nach ihrer Qualität sortiert werden. Durch Spiegeln und Verschieben des jeweils schlechtesten Punktes wandert das Simplex im n-dimensionalen Raum dem Minimum entgegen. Wie jeder Optimierer kann auch das Downhill-Simplex-Verfahren in lokale Minima geraten, besitzt jedoch den Vorteil, durch geschickte Wahl der Startparameter mit weniger Iterationsschritten ans Ziel zu gelangen. Als Grenzwert für das Abbruchkriterium kann die Standardabweichung oder Varianz bzw. eine maximale Anzahl von Iterationen herangezogen werden.

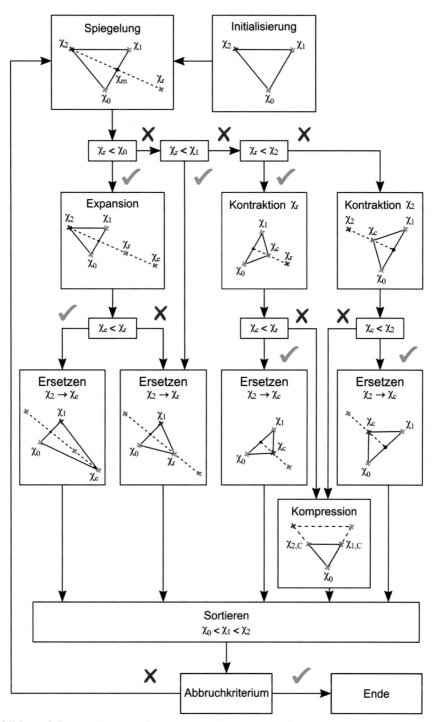

Abbildung 6-5: Flussdiagramm für das Downhill-Simplex-Verfahren zur Minimierung einer Zielfunktion mit zwei Parametern

Für eine allgemeine Problemstellung mit n Parametern $x_0 \ldots x_{n-1}$ bildet sich das Simplex aus $n+1$ Punkten $\chi_0 \ldots \chi_n$ und den Funktionswerten $\psi_0 \ldots \psi_n$. Die Startpunkte werden entsprechend ihres Werts ψ geordnet, sodass χ_0 mit dem besten und χ_n mit dem schlechtesten Wert assoziiert wird. In jeder Iteration wird auf verschiedene Weisen angestrebt, eine Verbesserung von ψ_n durch Verschieben von χ_n herbeizuführen. Als Verschiebungsrichtung des Punkts χ_n wird aus allen Punkten außer χ_n der Mittelpunkt χ_m gebildet. Es steht eine Reihe von unterschiedlichen Bewegungen zur Verfügung:

- Fortbewegung: Spiegeln von χ_n um χ_m
- Schnelle Fortbewegung: Spiegeln um χ_m und expandieren
- Langsame Bewegung: Kontrahieren durch Bewegung von χ_n in Richtung von χ_m
- Verkleinern: Alle Punkte in Richtung von χ_0 bewegen, um das Minimum einzukreisen

Der Steuerpunkt des Biegebalkenbeispiels besitzt die zwei Parameter x_0 und x_1. Ein Simplex ist entsprechend ein Dreieck mit den Eckpunkten χ_0, χ_1 und χ_2.

Initial werden die Funktionswerte der drei willkürlich gewählten Simplex-Eckpunkte ermittelt und entsprechend des Wertes geordnet. Aus allen, außer dem schlechtesten Punkt, werden die Koordinaten des Mittelpunkts χ_m ermittelt.

$$\chi_m = \frac{1}{n} \sum_{i=0}^{n-1} \chi_i \tag{68}$$

χ_m Mittelpunkt

n Anzahl der Simplex-Eckpunkte

χ_i Simplex-Eckpunkt

Im ersten Schritt zur Ermittlung einer besseren Alternative für den schlechtesten Punkt χ_n wird der Punkt am Mittelpunkt gespiegelt.

$$\chi_r = (1 + \alpha) \cdot \chi_m - \alpha \cdot \chi_n \tag{69}$$

χ_r Spiegelpunkt

α Spiegelparameter (Standard: 1)

Ist der gespiegelte Wert besser als der bisher beste Wert, scheint die Richtung der Bewegung von Vorteil zu sein und daher wird auch der weiter entfernte Expansionspunkt geprüft. Ist dieser noch besser als der Spiegelpunkt, wird χ_n durch χ_e - ansonsten durch χ_r - ersetzt.

$$\chi_e = (1 + \gamma) \cdot \chi_m - \gamma \cdot \chi_n \tag{70}$$

χ_e Expansionspunkt

γ Expansionsparameter (Standard: 2)

Wenn der Spiegelpunkt hingegen einen besseren Wert als χ_1, jedoch nicht als χ_0 besitzt, wird der schlechteste Wert χ_n direkt durch χ_r ersetzt, ohne eine Expansion durchzuführen. Im Falle, dass der Spiegelpunkt schlechter als die besten beiden Punkte des Simplex ist, wird der bessere der beiden Punkte χ_n und χ_r kontrahiert (χ_c), also mit geringer Schrittweite in Richtung der anderen Punkte verschoben.

$$\chi_c = \beta \cdot \chi_m + (1 - \beta) \cdot \chi_2 \tag{71}$$

$$\chi_c = \beta \cdot \chi_m + (1 - \beta) \cdot \chi_r \tag{72}$$

χ_c Kontraktionspunkt

β Kontraktionsparameter (Standard: 0,5)

Führt keine der bisherigen Maßnahmen zu einem besseren Wert für χ_n, befindet sich das gesuchte Minimum innerhalb des Simplex. Daher wird der Körper komprimiert, indem alle Punkte in Richtung des besten Punktes χ_0 verschoben werden.

$$\chi_i' = \sigma \cdot \chi_0 + (1 - \sigma) \cdot \chi_i \tag{73}$$

σ Kompressionsparameter (Standard: 0,5)

Für die Umsetzung in Codeform werden zwei neue Klassen für den Simplex-Eckpunkt und das Simplex selbst erzeugt. Der Simplex-Eckpunkt besitzt die Koordinaten bzw. Parameter sowie den Funktionswert als Eigenschaft. Ist der Funktionswert nicht bekannt, wird über eine zugehörige Methode die Simulation angestoßen und das Ergebnis gespeichert. Die Simplex-Klasse beinhaltet die Simplex-Eckpunkte sowie Methoden zum Durchlaufen eines Iterationsschrittes, dem Sortieren nach Funktionswert sowie dem Speichern der Werte in einer Datei, um die Iterationen nachvollziehen und ggf. eine unterbrochene Optimierung wiederaufnehmen zu können.

Des Weiteren müssen berechnete und nicht weiter benötigte Lösungen vom Dateisystem entfernt werden, da sich insbesondere bei speicherintensiven Simulationen große Datenmengen ansammeln. Hierfür wird eine Methode angelegt, welche nach einer Iteration alle Daten, die nicht mit dem aktuellen Simplex assoziiert sind, vom Dateisystem löscht. Zwischenschritte bleiben jedoch in Form der protokollierten, ausgewerteten Punkte erhalten.

Anhand des implementierten Algorithmus kann das Minimum der Zielfunktion in wenigen Iterationen gefunden werden. Im Szenario des Biegebalkens wird die Masse um 18 % reduziert, während die Durchbiegung lediglich um 5 % zunimmt. Abbildung 6-6 zeigt, dass unterschiedliche Startwerte zum gleichen Ergebnis führen. Es ist ersichtlich, dass die Lösung bei günstiger Wahl der Startparameter bereits nach wenigen Iterationen konvergiert.

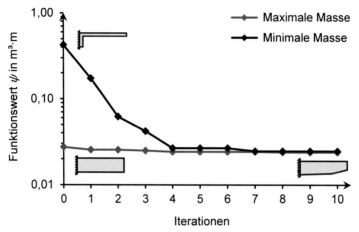

Abbildung 6-6: Konvergenz des Downhill-Simplex-Algorithmus bei verschiedenen Startpunkten

6.4   Benutzeroberfläche

Zum Steuern, Starten der Berechnung und Inspizieren der Ergebnisse wird eine minimale GUI aufgebaut (Abbildung 6-7). Über Schieberegler kann eine benutzerdefinierte Konfiguration erzeugt und anschließend eine Einzelberechnung ausgelöst werden. Auch der Start einer Optimierungssequenz ist möglich.

Das integrierte Log-Fenster gibt hierbei Rückmeldung über den aktuellen Berechnungszustand. Der Inhalt wird simultan in eine Log-Datei geschrieben. Das Grafikfenster dient sowohl zur Visualisierung der unberechneten Konfiguration als auch zur Ergebnisanzeige und erlaubt das Drehen, Verschieben und Zoomen der Ansicht. Weitere Funktionen umfassen unter anderem den Import bereits berechneter PLY-Dateien.

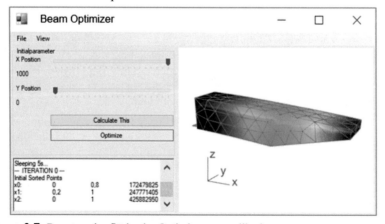

Abbildung 6-7: Benutzeroberfläche der Optimierungsapplikation

Anhand dieses Minimalbeispiels ist die Funktionsweise der Architektur und der Schnittstellen erwiesen und kann auf die Simulation von Kühlkörpern unter erzwungener Konvektion übertragen werden. Die zugehörigen Parameter $x_0 \ldots x_2$ wurden bereits in Abschnitt 5.3 identifiziert. Die zu minimierende Zielgröße ψ stellt der Wärmewiderstand des Kühlkörpers dar, welcher analog zur Durchbiegung aus dem berechneten Datensatz extrahiert werden kann.

6.5 Kostenberechnung

Grundlage der Kostenberechnung sind die Bauteilgeometrie sowie die in Abschnitt 4.4 beschriebenen Parameter des Kostenmodells. Diese Parameter können nach verwendeter Materialart, Maschine und sonstigen buchhalterischen Aspekten eingeteilt werden. Für diese Kategorien werden entsprechende Klassen angelegt, welche die Parameter als Eigenschaft enthalten und somit für die Kostenberechnung aufgerufen werden können. Die Anlagen, Materialien und Kostenmodelle und ihre Eigenschaften werden im XML-Format (Extensible Markup Language) gespeichert und bei der Initialisierung der Instanz anhand des Bezeichners ausgelesen. Durch Speichern der Berechnungsparameter in einem lesbaren Format lassen sich Faktoren leicht nachvollziehen und anpassen.

Aus der gegebenen Netzgeometrie müssen die übrigen Eigenschaften abgeleitet werden (Abbildung 6-8). Hierzu gehören Bauteilvolumen, Volumen der Stützkonstruktion, zu stützende und nachzubearbeitende Bauteiloberflächen sowie die äußeren Abmaße der Geometrie, welche auch als Bounding Box bezeichnet wird.

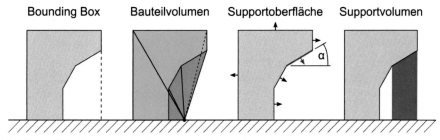

Abbildung 6-8: Geometrische Parameter der Kostenberechnung

6.5.1 Bounding Box

Die Bounding Box ist eine quaderförmige Repräsentation der Bauteilbegrenzung und kann genutzt werden, um die Bauteildimension und die Anzahl gleichförmiger Bauteile je Baujob abzuschätzen. Die Kanten des Quaders sind hierbei parallel zum globalen Koordinatensystem angeordnet. Je nach Bauteilorientierung beinhaltet der Quader daher nicht zwangsläufig die minimalen und maximalen Abmaße des Bauteils. Die Bounding Box kann durch Auswertung der Koordinaten aller Knotenpunkte einer Netzgeometrie bestimmt werden.

$$l_{BB} = \begin{bmatrix} \max(x) - \min(x) \\ \max(y) - \min(y) \\ \max(z) - \min(z) \end{bmatrix} \tag{74}$$

l_{BB} Dimensionen der Bounding Box

6.5.2 Bauteilvolumen

Das Volumen lässt sich über die einzelnen Facetten der Netzgeometrie berechnen. Hierzu werden Vektoren zwischen dem Koordinatenursprung und den Eckpunkten aufgespannt. Jeder Facette F_i sind hierbei drei Eckpunkte $P_{i,j}$ zugeordnet.

$$\vec{v_{i,j}} = \overrightarrow{P_0, P_{i,j}} \tag{75}$$

$\vec{v}_{i,j}$ Vektor

P_0 Koordinatenursprung

$P_{i,j}$ Facetteneckpunkt

i Facettenindex (0…n)

j Eckpunktindex (0…3)

Das Volumen eines Tetraeders aus Ursprung und Eckpunkten entspricht einem Sechstel des Spatprodukts der drei Vektoren. Durch die Reihenfolge der Vektoren ist auch das Vorzeichen des Volumens definiert. Positive und negative Volumina gleichen sich aus, sodass sich in Summe das Volumen der Geometrie ergibt.

$$V_{prt} = \frac{1}{6} \sum_{i=0}^{n-1} \left(\vec{v_{i,1}} \times \vec{v_{i,2}} \right) \cdot \vec{v_{i,3}} \tag{76}$$

V_{prt} Bauteilvolumen

6.5.3 Supportoberfläche

Die Supportoberfläche beschreibt die Summe der Fläche aller Dreiecksfacetten, welche unterhalb des Grenzwerts für Überhangflächen liegen. Die betreffenden Facetten können durch den Vergleich von Normalenvektor und der z-Achse herausgefiltert werden. Der Grenzwinkel α_{min} beschreibt den minimalen Winkel, welcher ohne Stützkonstruktion realisiert werden kann.

$$\alpha_i = 2\pi - arccos(\hat{z} \cdot \hat{n}_i) \tag{77}$$

α \qquad Überhangwinkel

$\hat{z}$ \qquad Normierter globaler z-Vektor

$\hat{n}$ \qquad Normierte Oberflächennormale

Liegt der Überhangwinkel α_i zwischen Facette und Grundplatte unterhalb dieses Grenzwinkels, wird die Fläche berechnet und zur Supportoberfläche addiert. Die Fläche einer Facette kann aus dem Betrag des Kreuzproduktes zweier Kantenvektoren bestimmt werden.

$$A_{sup} = \sum_{i=0}^{n-1} A_i \tag{78}$$

$$A_{sup,i} = \begin{cases} 0, & \alpha_i \geq \alpha_{min} \\ \frac{1}{2}|\overrightarrow{P_{i,1},P_{i,2}} \times \overrightarrow{P_{i,1},P_{i,3}}|, & \alpha_i < \alpha_{min} \end{cases} \tag{79}$$

A_{sup} \qquad Supportoberfläche

α_{min} \qquad Überhanggrenzwinkel

6.5.4 Supportvolumen

Das Supportvolumen wird über die Projektion der gestützten Facetten auf die Grundplatte abgeschätzt. Hierbei wird der Abstand zwischen Bauteil und Grundplatte berücksichtigt, jedoch nicht die Überlappung mit anderen Supports oder dem Bauteil selbst. Für die Kostenabschätzung wird dies jedoch als hinreichend angesehen.

Zunächst wird die mittlere Höhe $\bar{h}_i$ einer betreffenden Facette bestimmt. Diese setzt sich aus dem Mittelwert $\bar{z}$ der z-Koordinaten der drei Eckpunkte, dem Bauteiloffset h_O und dem z-Abstand Δz zwischen Bauteilminimum und Bauplattform zusammen, wobei der Bauteiloffset von den Prozessparametern bestimmt wird.

$$\bar{h}_i = \bar{z} + h_O + \Delta z \tag{80}$$

$\bar{h}_i$ \qquad Mittlere Höhe

$\bar{z}$ \qquad Mittlere z-Koordinate

h_O \qquad Bauteiloffset

Δz \qquad z-Abstand Bauteilminimum zu Bauplattform

Die mittlere Höhenkoordinate setzt sich aus den z-Komponenten der Vektoren der Facetteneckpunkte zusammen.

$$\bar{z} = \frac{1}{3} \cdot \left(P_{i,1,z} + P_{i,2,z} + P_{i,3,z} \right) \tag{81}$$

$\bar{z}$ Mittlere z-Koordinate

Da die Koordinaten der Facetteneckpunkte sich stets auf das Bauteilkoordinatensystem beziehen, muss dieses zur Berechnung der mittleren Höhe um den Abstand zwischen Bauteilkoordinatensystem und niedrigstem z-Wert verschoben werden.

$$\Delta z = -\min \left(P_{i,z} \right) \tag{82}$$

Zur Abschätzung des Supportvolumens wird ein Prisma der Länge $\bar{h}_i$ und der Fläche der projizierten Facette berechnet. Analog zur Supportoberfläche berechnet sich diese Fläche durch den halben Betrag des Spatprodukts.

$$V = \sum_i V_i \tag{83}$$

$$V_{sup,i} = \frac{1}{2} \left| \begin{pmatrix} P_{i,1,x} \\ P_{i,1,y} \\ 0 \end{pmatrix} \times \begin{pmatrix} P_{i,2,x} \\ P_{i,2,y} \\ 0 \end{pmatrix} \right| \cdot \bar{h}_i \tag{84}$$

V_{sup} Supportvolumen

Mit Hilfe dieser berechneten Werte sind alle geometrischen Voraussetzungen für die Anwendung des Kostenmodells aus Abschnitt 4.4 gegeben. Im Fall der in dieser Arbeit beschriebenen Kühlkörper entstehen aufgrund der günstigen Geometrie keinerlei Stützstrukturen und auch weitere Nachbearbeitungskosten wie Fräsen, Schleifen, Polieren und Beschichten entfallen. Aufgrund der fehlenden Notwendigkeit für mechanische Begleitproben entfallen auch die Kosten für die Qualitätssicherung weitestgehend. Des Weiteren konnte in Abschnitt 4.3 gezeigt werden, dass zugunsten der Kosten auf eine Wärmebehandlung verzichtet werden kann.

7 Auswertung

Die Individualisierung und Optimierung eines Kühlkörpers unter erzwungener Konvektion stellen eine besondere Herausforderung dar. Bei der Konstruktion eines neuen Kühlkörpermodells ist der Konstrukteur auf seinen Erfahrungsschatz angewiesen und lediglich in der Lage, einzelne Geometrieparameter isoliert zu optimieren. Der Aufwand ist entsprechend hoch, sodass derartige Anpassungen und Untersuchungen meist nur bei großen Stückzahlen zu rechtfertigen sind, welche wiederum an die entsprechenden Fertigungsverfahren und ihre spezifischen konstruktiven Einschränkungen gekoppelt sind und somit nicht das vollständige Potential ausschöpfen.

Mit Hilfe eines Generativen Design Modells und des zugehörigen Optimierungsprozesses ist es hingegen möglich, die funktionelle Individualisierung von Kühlkörpern vorzunehmen und sie mit geringem Aufwand dem vorliegenden Anwendungsfall anzupassen. Hierzu wird die entwickelte Softwarearchitektur genutzt, welche bereits in Kapitel 6 anhand eines Minimalbeispiels demonstriert wurde. Zu den notwendigen Anpassungen der Software gehören die Erweiterung des Optimierers auf drei Kontrollvariablen, die Modifikation des Simulationsmodells sowie das Datenverarbeitungs-Skript zur Geometriegenerierung der Vorschau-Datei (PLY). Abbildung 7-1 zeigt die angepasste Benutzeroberfläche zur Berechnung des Kühlkörperszenarios.

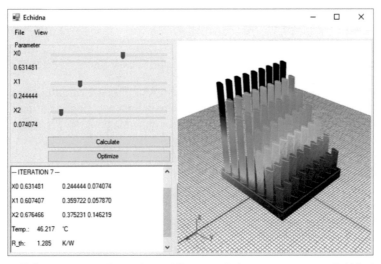

Abbildung 7-1: Benutzeroberfläche des Kühlkörperoptimierungsprogramms „Echidna"

Der implementierte Downhill-Simplex-Algorithmus ermöglicht eine Optimierung der Kühlkörpergeometrie hinsichtlich ihres Wärmewiderstands. Da das Modell über drei Kontrollvariablen verfügt, handelt es sich bei den Simplexen um Tetraeder mit vier Eckpunkten im dreidimensionalen Raum. In Abbildung 7-2 sind die einzelnen Schritte der vorgenommenen Optimierung dargestellt. Der Prozess wird mit einem willkürlichen Simplex mit linear unabhängigen Punkten initialisiert. Es erfolgt eine Reihe von Spiegelungen und Kontraktionen, durch die nachfolgende Simplexe den Koordinatenraum abtasten und sich einem Minimum annähern. Bereits nach einigen Iterationen kann keine nennenswerte Verbesserung mehr erzielt werden und das Ergebnis wird ausgegeben.

© Der/die Autor(en), exklusiv lizenziert durch
Springer-Verlag GmbH, DE, ein Teil von Springer Nature 2021
A. Struve, *Generatives Design zur Optimierung additiv gefertigter Kühlkörper*,
Light Engineering für die Praxis, https://doi.org/10.1007/978-3-662-63071-6_7

Als optimierte Parameter werden 63 tropfenförmige Pins in einem 9x7 Muster und mit möglichst geringem Randabstand identifiziert. Das Seitenverhältnis der Tropfenform nimmt hierbei näherungsweise den Wert 2,0 an, während die Pin-Abstände 3,8 und 4,6 mm betragen.

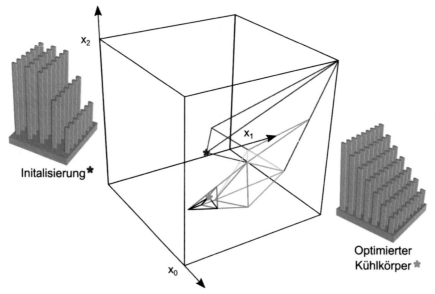

Abbildung 7-2: Simplexe der Optimierung im Funktionsraum der Kontrollvariablen

Das Ergebnis der Optimierung wird mit Hilfe des in Abschnitt 4.2 vorgestellten Versuchsaufbaus validiert. Hierzu werden Strömungsgeschwindigkeiten eingestellt und die Temperatur der Wärmequelle bei konstanter Leitungsaufnahme gemessen. Hieraus lässt sich der Wärmewiderstand des AM-gefertigten Benchmarks sowie des optimierten Kühlkörpers in Abhängigkeit zu der Strömungsgeschwindigkeit bestimmen. Die Ergebnisse des Experiments sind in Abbildung 7-3 dargestellt.

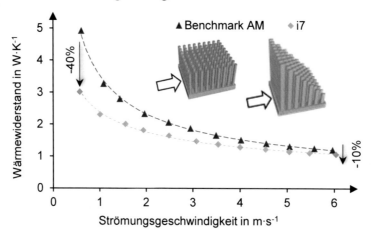

Abbildung 7-3: Experimentell bestimmter Wärmewiderstand des Benchmarks und der optimierten Geometrie in Anhängigkeit von der Strömungsgeschwindigkeit

Es wird gezeigt, dass die optimierte Struktur (i7) unter erzwungener Konvektion stets einen geringeren Wärmewiderstand aufweist als der Benchmark. Der Vorteil tritt bei geringer Strömungsgeschwindigkeit besonders deutlich hervor. So kann bei der minimalen
Strömungsgeschwindigkeit von 0,5 m·s⁻¹ des verwendeten Lüfters ein rund 40 % geringe-
rer Wärmewiderstand verzeichnet werden. In Absolutwerten ausgedrückt, kommen somit
Temperaturdifferenzen von 2 K bei 6,0 m·s⁻¹ und über 43 K bei 0,5 m·s⁻¹ bei einer Umgebungstemperatur von 20 °C und 20,4 W elektrischer Leistungsaufnahme zustande.

Mit Hilfe des vorgestellten und implementierten Kostenmodells lassen sich die Herstellkosten zur Laufzeit der Optimierung berechnen. Für die verwendete LBM-Anlage, Material und Kostenparameter ergeben sich reine Herstellkosten von rechnerisch 15,78 € pro
Stück. Der optimierte Kühlkörper ist somit teurer als ein massenproduziertes Produkt, jedoch individualisiert und signifikant leistungsfähiger. Ferner liegen nach Rudolph [12] die
Herstellkosten einer Kleinserie des Kühlkörpertyps mittels LBM deutlich unter denen der
Herstellung mittels Feinguss oder Fräsen. Werden die Kosten für die Bauteilentwicklung
miteinbezogen, wird dieser Unterschied noch deutlicher.

Die Herstellkosten des Kühlkörpers verteilen sich auf Prä-Prozess, Bauprozess, Post-Prozess, Material und Verbrauchsmittel (Abbildung 7-4). Es ist zu erkennen, dass der Bauprozess den größten Kostenfaktor in der Bilanz darstellt. Dies ist auf die hohen Betriebs-
kosten der LBM-Anlage bei geringer Aufbaurate zurückzuführen. Leistungsfähigere Anlagen nutzen größere Bauräume und bis zu acht simultan arbeitende Laser, um die Produktivität zu erhöhen und würden im vorliegenden Fall zu einer starken Reduktion der
Bauprozesskosten führen. An dieser Stelle besteht das größte Potential für Einsparungen.

Kosten für Prä- und Post-Prozess lassen sich potenziell nur durch eine höhere Automatisierung mittels Robotertechnik reduzieren. Die Wärmebehandlung wurde in der Berechnung bereits vernachlässigt und spart dabei 6,5 % der Kosten ein. Marktpreise für Pulver
und Verbrauchsmaterial, wie beispielsweise die Bauplattform, nehmen mit dem zukünftig
tendenziell steigenden Angebot zwar stetig ab, doch kann hier nur wenig direkter Einfluss
genommen werden.

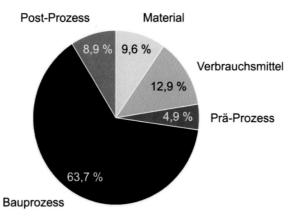

Abbildung 7-4: Anteile der Herstellkosten eines optimierten Kühlkörpers

Zusammenfassend konnte mit dem Generativen Designansatz eine Methodik aufgewiesen
werden, welche es erlaubt, auf Basis eines Grundmodells beliebig viele Designvariationen
zu erzeugen, diese mittels multiphysikalischer Simulation zu bewerten und automatisiert

8 Zusammenfassung und Ausblick

Kompakte Wärmeübertrager stellen eine ideale Anwendung für die Additive Fertigung dar. Hochleistungsfähige Kühlkörper weisen komplexe Geometrien auf, welche durch konventionelle Fertigungsverfahren nur mit großer Mühe zu realisieren sind, jedoch für Additive Fertigungsverfahren keine Herausforderung darstellen. Insbesondere bei geringen Stückzahlen spielen AM-Verfahren wie das Laserstrahlschmelzen ihre Stärken aus. Der breiten Anwendung von maßgeschneiderten Wärmeübertragern steht der hohe manuelle Entwicklungsaufwand derselben entgegen. Diese Hemmnisse lassen sich langfristig nur durch Automatisierung und geeignete Softwarewerkzeuge überwinden.

Insbesondere durch die hohe Gestaltungsfreiheit der Additiven Fertigungsverfahren haben computergestützte Design-Algorithmen in den vergangenen Jahren stetig an Bedeutung gewonnen. So gehört die Leichtbaukonstruktion mittels Steifigkeitsoptimierung bereits zum Stand der Technik. Für Problemstellungen der Wärmeübertragung, und insbesondere für Kühlkörper unter erzwungener Konvektion, besteht hingegen ein hoher Nachholbedarf.

Im Zuge dieser Arbeit wurden die physikalischen Grundlagen der Kühlkörper, des Laserstrahlschmelzens sowie der Designvariationsmethoden erörtert und das Generative Design mittels gekoppelter Parameter als zielführende Methode für die Optimierung von Kühlkörpern unter erzwungener Konvektion herausgearbeitet.

Für die Bewertung der generierten Kühlkörpervarianten wurde ein Simulationsmodell sowie ein zugehöriger experimenteller Versuchsaufbau entwickelt. Die Simulation wurde genutzt, um die geometrischen Haupteinflussgrößen auf die Leistungsfähigkeit in Form des Wärmewiderstands zu ermitteln. Die Parameter wurden durch Algorithmen verknüpft und bilden das generative Grundmodell, welches in der Lage ist, anhand weniger Kontrollparameter eine Vielzahl von Designvarianten zu erzeugen.

Zur Identifikation einer idealen Geometrievariante für einen bestimmten Anwendungsfall muss eine automatisierte Optimierung stattfinden, was bislang mit keiner bekannten Software direkt umgesetzt werden kann. Aus diesem Grund wurden erstmals für diese Problemstellung eine Softwarearchitektur und zugehörige Schnittstellen entwickelt und umgesetzt.

Die Optimierung konnte anhand eines Anwendungsfalls durchgeführt und experimentell validiert werden. Darüber hinaus war es möglich, ein CAD-basiertes Kostenmodell zu implementieren, um die Herstellkosten eines Bauteils zu bestimmen. Es wurde gezeigt, dass diese in einem anwendungsrelevanten Bereich liegen und das Potential in Zukunft weiter gesteigert werden kann. Zu den vielversprechendsten Maßnahmen gehört der Einsatz effizienterer Anlagentechnik mit Multi-Laser-Scannern oder das Binder-Jetting-Verfahren.

Die entwickelte Methodik des Generativen Designs zur Optimierung von funktionellen Bauteilen besitzt großes Potential für eine Reihe von weiteren Anwendungsgebieten. So können auf dieser Grundlage in Zukunft universelle Softwarewerkzeuge zur Optimierung von Wärmeübertragern, aber auch von mechanischen, elektrischen oder akustischen Applikationen, erschaffen werden. Der Additiven Fertigung wird hierdurch ein neuer Stellenwert in der Produktionstechnik und insbesondere in der flexiblen, individualisierten und optimierten Erstellung von Bauteilen verliehen.

© Der/die Autor(en), exklusiv lizenziert durch
Springer-Verlag GmbH, DE, ein Teil von Springer Nature 2021
A. Struve, *Generatives Design zur Optimierung additiv gefertigter Kühlkörper*,
Light Engineering für die Praxis, https://doi.org/10.1007/978-3-662-63071-6_8

Literatur

[1] W. Kersten et al.: *Chancen der digitalen Transformation: Trends und Strategien in Logistik und Supply Chain Management*, DVV Media Group GmbH, Hamburg, 2017.

[2] P. Nyhuis: *Wandlungsfähige Produktionssysteme: Heute die Industrie von morgen gestalten*, PZH Produktionstechnisches Zentrum, Hannover, 2008.

[3] Markets and Markets: *Thermal Management Market worth $12.8 billion by 2025*. https://www.marketsandmarkets.com/PressReleases/thermal-management.asp Abruf: 02.09.2020.

[4] Statista: *Forecast end-user spending on IoT solutions worldwide from 2017 to 2025*. https://www.statista.com/statistics/976313/global-iot-market-size/ Abruf: 02.09.2020.

[5] T. Baumgartner et al.: *Lighting the way: Perspectives on the global lighting market*, 2012. https://www.mckinsey.com/~/media/mckinsey/dotcom/client_service/automotive%20and%20assembly/lighting_the_way_perspectives_on_global_lighting_market_2012.ashx Abruf: 28.05.2020.

[6] E.M. Dede, S.N. Joshi, F. Zhou: *Topology optimization, additive layer manufacturing, and experimental testing of an air-cooled heat sink*, Journal of Mechanical Design 137, 2015.

[7] D. Jang, S.-J. Park, S.-J. Yook, K.-S. Lee: *The orientation effect for cylindrical heat sinks with application to LED light bulbs*, International Journal of Heat and Mass Transfer 71, S. 496–502, 2014.

[8] Q. Shen, D. Sun, Y. Xu, T. Jin, X. Zhao: *Orientation effects on natural convection heat dissipation of rectangular fin heat sinks mounted on LEDs*, International Journal of Heat and Mass Transfer 75, S. 462–469, 2014.

[9] S. Pongiannan, V. Ramalingam, L. Nagendran: *Natural-convection heat transfer enhancement of aluminum heat sink using nanocoating by electron beam method*, Thermal Science 23, S. 3129–3141, 2019.

[10] Fischer Elektronik GmbH & Co. KG: *Technische Erläuterungen*. https://www.fischerelektronik.de/fileadmin/fischertemplates/download/Katalog/technischeerlaeuterungen_d.pdf Abruf: 19.05.2019.

[11] C. Hein: *Entwicklung und Fertigung von individuellen Kühlkörpern*, Technische Universität Hamburg, Hamburg, 2018.

[12] J.-P. Rudolph: *Cloudbasierte Potentialerschließung in der additiven Fertigung*, Springer-Verlag, Berlin, 2018.

[13] M. Möhrle: *Gestaltung von Fabrikstrukturen für die additive Fertigung*, Springer-Verlag, Berlin, 2018.

[14] A. Gebhardt: *Additive Fertigungsverfahren*, Carl Hanser Verlag, München, 2016.

[15] Drumil Patel: *Development, thermal transient analysis and optimization of bio-inspired surface structures for heat exchangers produced by selective laser melting (SLM)*, Ernst-Abbe-Hochschule, Jena, 2017.

A. Struve, *Generatives Design zur Optimierung additiv gefertigter Kühlkörper*, Light Engineering für die Praxis, https://doi.org/10.1007/978-3-662-63071-6

[16] J. Evenson: *Design and test of a 3D printed heat exchanger with optimized heat transfer per unit volume and per unit mass*, Technische Universität Hamburg, Hamburg, 2017.

[17] R. Neugebauer, B. Müller, M. Gebauer, T. Töppel: *Additive manufacturing boosts efficiency of heat transfer components*, Assembly Automation 31, S. 344–347, 2011.

[18] A. Struve, K. Janzen: *Maßgeschneiderte additiv gefertigte Wärmetauscher via App*, ATZproduktion, 2020.

[19] F. Lange, C. Hein, C. Emmelmann: *Numerical optimization of active heat sinks considering restrictions of selective laser melting*, COMSOL Conference, Lausanne, 2018.

[20] B.S. Lazarov, O. Sigmund, K.E. Meyer, J. Alexandersen: *Experimental validation of additively manufactured optimized shapes for passive cooling*, Applied Energy 226, S. 330–339, 2018.

[21] K.K. Wong, J.Y. Ho, K.C. Leong, T.N. Wong: *Fabrication of heat sinks by selective laser melting for convective heat transfer applications*, Virtual and Physical Prototyping 11, S. 159–165, 2016.

[22] VDI Verein Deutscher Ingenieure: *VDI-Statusreport Additive Fertigung: 3-D-Druckverfahren sind Realität in der industriellen Fertigung*, VDI-Gesellschaft Produktion und Logistik, 2019.

[23] C. Emmelmann, M. Möhrle, J.-P. Rudolph, N. D'Agostino: *Bionic Smart Factory 4.0: Konzept einer Fabrik zur additiven Fertigung komplexer Produktionsprogramme*, Industrie 4.0 Management 33, S. 38–42, 2017.

[24] Roland Berger GmbH: *Additive manufacturing: Taking metal 3D printing to the next level*, 2019.
https://www.rolandberger.com/publications/publication_pdf/roland_berger_additive_manufacturing_3.pdf
Abruf: 28.05.2020.

[25] Wohlers Associates: *Wohlers Report 2019: 3D printing and additive manufacturing state of the industry*, Wohlers Associates, Fort Collins, 2019.

[26] VDI 3405: *Additive Fertigungsverfahren: Grundlagen, Begriffe, Verfahrensbeschreibungen*, Beuth Verlag, Berlin, 2014.

[27] DIN EN ISO 52900: *Additive Fertigung: Grundlagen - Terminologie*, Beuth Verlag, Berlin, 2017.

[28] C. Emmelmann, P. Sander, J. Kranz, E. Wycisk: *Laser additive manufacturing and bionics: Redefining Lightweight Design*, Physics Procedia 12, S. 364–368, 2011.

[29] O. Diegel, A. Nordin, D. Motte: *A practical guide to design for additive manufacturing*, Springer Nature, Singapore, 2020.

[30] C. Lindemann, U. Jahnke, M. Moi, R. Koch: *Analyzing product lifecycle costs for a better understanding of cost drivers in additive manufacturing*, 2012.

[31] I. Gibson, D. Rosen, B. Stucker: *Additive manufacturing technologies*, Springer, New York, 2015.

[32] J. Kranz: *Methodik und Richtlinien für die Konstruktion von laseradditiv gefertigten Leichtbaustrukturen*, Springer-Verlag, Berlin, 2017.

[33] BMW Group: *MINI Yours Customised: Vom Original zum persönlich gestalteten Unikat*.
https://www.press.bmwgroup.com/deutschland/article/detail/T0276990DE
Abruf: 28.05.2020.

[34] T. Schmidt: *Potentialbewertung generativer Fertigungsverfahren für Leichtbau-teile*, Dissertation, Springer-Verlag, Berlin, 2015.

[35] D. Herzog, V. Seyda, E. Wycisk, C. Emmelmann: *Additive manufacturing of met-als*, Acta Materialia 117, S. 371–392, 2016.

[36] E. Wycisk: *Ermüdungseigenschaften der Laseradditiv Gefertigten Titanlegierung TiAl6V4*, Springer-Verlag, Berlin, 2017.

[37] Wohlers Associates: *Wohlers Report 2013: Additive manufacturing and 3D print-ing state of the industry*, Wohlers Associates, Fort Collins, 2013.

[38] N. Takata, H. Kodaira, K. Sekizawa, A. Suzuki, M. Kobashi: *Change in micro-structure of selectively laser melted AlSi10Mg alloy with heat treatments*, Materials Science and Engineering A 704, S. 218–228, 2017.

[39] V. Seyda, N. Kaufmann, C. Emmelmann: *Investigation of aging processes of Ti-6Al-4V powder material in laser melting*, Physics Procedia 39, S. 425–431, 2012.

[40] Autodesk Corp.: *Generative design for manufacturing with Fusion 360*.
https://www.autodesk.com/solutions/generative-design/manufacturing/
Abruf: 28.05.2020.

[41] K. Meintjes: *Generative design: What's that*.
https://www.cimdata.com/en/news/item/8402-generative-design-what-s-that
Abruf: 28.05.2020.

[42] Siemens PLM Software: *Generative design*.
https://www.plm.automation.siemens.com/global/de/our-story/glossary/generative-design/27063
Abruf: 28.05.2020.

[43] Hexagon AB: *MSC Apex Generative Design*.
https://www.mscsoftware.com/product/msc-apex-generative-design
Abruf: 28.05.2020.

[44] C. Hessel: *Integration der Topologieoptimierung in den CAD-gestützten Entwick-lungsprozess*, Berichte aus der Produktionstechnik 21, 2003.

[45] A. Tedeschi, S. Andreani, F. Wirz: *Algorithms-Aided Design: Parametric strate-gies using Grasshopper*, Le Penseur Publisher, Brienza, 2016.

[46] M.P. Bendsøe: *Optimal shape design as a material distribution problem*, Structural optimization 1, S. 193–202, 1989.

[47] M.P. Bendsøe, O. Sigmund: *Topology optimization: Theory, methods, and applica-tions*, Springer-Verlag, Berlin, 2004.

[48] A.T. Gaynor, J.K. Guest: *Topology optimization considering overhang constraints: Eliminating sacrificial support material in additive manufacturing through design*, Structural optimization 54, S. 1157–1172, 2016.

[49] M. Langelaar: *Topology optimization of 3D self-supporting structures for additive manufacturing*, Additive Manufacturing 12, S. 60–70, 2016.

[50] Di Wang, Y. Yang, Z. Yi, X. Su: *Research on the fabricating quality optimization of the overhanging surface in SLM process*, The International Journal of Advanced Manufacturing Technology 65, S. 1471–1484, 2013.

[51] R. Mertens, S. Clijsters, K. Kempen, J.-P. Kruth: *Optimization of scan strategies in selective laser melting of aluminum parts with downfacing Areas*, Journal of Manu-facturing Science and Engineering 136, 2014.

[52] J. Asmussen, J. Alexandersen, O. Sigmund, C.S. Andreasen: *A poor man's ap-proach to topology optimization of natural convection problems*, Structural and Multidisciplinary Optimization 59, S. 1105–1124, 2019.

[53] S. Danjou, P. Köhler: *Bridging the gap between CAD and rapid technologies: Exigency of standardized data exchange*, 2008.

[54] C. Herbold: *Entwicklung und Herstellung naturähnlich verzweigter Kühlkörper für LED-Systeme*, Spektrum der Lichttechnik 14, 2017.

[55] M.G. Scholdt: *Temperaturbasierte Methoden zur Bestimmung der Lebensdauer und Stabilisierung von LEDs im System*, Spektrum der Lichttechnik 4, 2013.

[56] VDI Verein Deutscher Ingenieure: *VDI-Wärmeatlas*, 11. Aufl., Springer-Verlag, Berlin, 2013.

[57] H. Oertel, M. Böhle, T. Reviol: *Strömungsmechanik: Für Ingenieure und Naturwissenschaftler*, Springer-Verlag, Wiesbaden, 2015.

[58] COMSOL Multiphysics GmbH: *CFD module user's guide*.
https://doc.comsol.com/5.2/doc/com.comsol.help.cfd/CFDModuleUsersGuide.pdf
Abruf: 19.05.2019.

[59] COMSOL Multiphysics GmbH: *COMSOL Blog: Which turbulence model should I choose for my CFD application*.
https://www.comsol.com/blogs/which-turbulence-model-should-choose-cfd-application/
Abruf: 28.05.2020.

[60] G. Cerbe, G. Wilhelms: *Technische Thermodynamik: Theoretische Grundlagen und praktische Anwendungen*, Carl Hanser Verlag, München, 2013.

[61] H. Schlichting, K. Gersten, E. Krause: *Grenzschicht-Theorie*, Springer-Verlag, Berlin, 2006.

[62] Infineon Technologies: *Thermal resistance: Theory and practice*.
https://www.infineon.com/dgdl/smd-pack.pdf?fileId=db3a304330f6860601311905ea1d4599
Abruf: 28.05.2020.

[63] Gabrian International Ltd: *Six heat sink types: Which one is best for your project*.
https://www.gabrian.com/6-heat-sink-types/
Abruf: 28.05.2020.

[64] S. Lee: *Optimum design and selection of heat sinks*, IEEE Transactions on Components, Packaging, and Manufacturing Technology 18, S. 48–54, 1995.

[65] M. Wong, I. Owen, C.J. Sutcliffe, A. Puri: *Convective heat transfer and pressure losses across novel heat sinks fabricated by selective laser melting*, International Journal of Heat and Mass Transfer 52, S. 281–288, 2009.

[66] J. Haertel, K. Engelbrecht, B. Lazarov, O. Sigmund: *Topology optimization of a pseudo 3D thermofluid heat sink model*, International Journal of Heat and Mass Transfer 121, S. 1073–1088, 2018.

[67] A. Yousfi, D. Sahel, M. Mellal: *Effects of a pyramidal pin fins on CPU heat sink performance*, Journal of Advanced Research in Fluid Mechanics and Thermal Sciences 63, S. 260–373, 2019.

[68] T. Lei, J. Alexandersen, B.S. Lazarov, F. Wang, J.H. Haertel, S. de Angelis, S. Sanna, O. Sigmund, K. Engelbrecht: *Investment casting and experimental testing of heat sinks designed by topology optimization*, International Journal of Heat and Mass Transfer 127, S. 396–412, 2018.

[69] J. Alexandersen, N. Aage, C.S. Andreasen, O. Sigmund: *Topology optimisation for natural convection problems*, International Journal for Numerical Methods in Fluids 76, S. 699–721, 2014.

[70] J. Alexandersen, O. Sigmund, N. Aage: *Large scale three-dimensional topology optimisation of heat sinks cooled by natural convection*, International Journal of Heat and Mass Transfer 100, S. 876–891, 2016.

[71] P. Coffin, K. Maute: *Level set topology optimization of cooling and heating devices using a simplified convection model*, Structural optimization 53, S. 985–1003, 2016.

[72] N. Pollini, O. Sigmund, C.S. Andreasen, J. Alexandersen, 2020. A poor man's approach for high-resolution three-dimensional topology design for natural convection problems. Advances in Engineering Software 140, 102736.

[73] V. Jha, S. Bhaumik: *Enhanced heat dissipation in helically finned heat sink through swirl effects in free convection*, International Journal of Heat and Mass Transfer 138, S. 889–902, 2019.

[74] S. Otake, Y. Tateishi, H. Gohara, R. Kato, Y. Ikeda, V. Parque, M.K. Faiz, M. Yoshida, T. Miyashita: *Heatsink design using spiral-fins considering additive manufacturing*, S. 46–51.

[75] D. Jang, S.-J. Yook, K.-S. Lee: *Optimum design of a radial heat sink with a fin-height profile for high-power LED lighting applications*, Applied Energy 116, S. 260–268, 2014.

[76] S.-H. Yu, K.-S. Lee, S.-J. Yook: *Optimum design of a radial heat sink under natural convection*, International Journal of Heat and Mass Transfer 54, S. 2499–2505, 2011.

[77] A.M.G. Lopes, V.A.F. Costa: *Improved radial plane fins heat sink for light-emitting diode lamps cooling*, Journal of Thermal Science and Engineering Applications 12, S. 2017, 2020.

[78] K. Zander, D. Sokolov, W. Schwarz, M. Frohnapfel: *Scheinwerfer 2025: Bionisch inspiriert und generativ gefertigt*, ATZ - Automobiltechnische Zeitschrift 118, S. 40–45, 2016.

[79] M. Baldry, V. Timchenko, C. Menictas: *Optimal design of a natural convection heat sink for small thermoelectric cooling modules*, Applied Thermal Engineering 160, 2019.

[80] Robert McNeel & Associates: *Funktionen von Rhino 6.* https://www.rhino3d.com/6/features Abruf: 28.05.2020.

[81] ParaMatters Inc.: *ParaMatters Technology.* https://paramatters.com/technology/ Abruf: 28.05.2020.

[82] Altair Engineering Inc.: *Produktdatenblatt Altair Optistruct: Optimization-enabled structural analysis.* https://www.altair.de/optistruct/ Abruf: 28.05.2020.

[83] COMSOL Multiphysics GmbH: *Die COMSOL-Software Produktpalette.* https://www.comsol.de/products/ Abruf: 28.05.2020.

[84] The OpenFOAM Foundation Ltd: *OpenFOAM features.* https://cfd.direct/openfoam/features/ Abruf: 28.05.2020.

[85] SimScale GmbH: *SimScale Features and Benefits*.
      https://www.simscale.com/product/simulation-features/
      Abruf: 28.05.2020.

[86] SLM Solutions Group AG: *SLM Metallpulver*.
      www.slm-solutions.com
      Abruf: 19.05.2019.

[87] EOS GmbH: *EOS Metallwerkstoffe für die Additive Fertigung*.
      www.eos.info
      Abruf: 19.05.2019.

[88] M. Tang, P.C. Pistorius: *Anisotropic mechanical behavior of AlSi10Mg parts pro-
      duced by selective laser melting*, The Journal of The Minerals, Metals & Materials
      69, S. 516–522, 2017.

[89] C. Cingi, V. Rauta, E. Suikkanen, J. Orkas: *Effect of heat treatment on thermal
      conductivity of aluminum die casting alloys*, Advanced Materials Research 538-
      541, S. 2047–2052, 2012.

[90] Linseis Messgeräte GmbH: *Instruction manual LFA 1250 LFA 1600 laser flash
      thermal constant analyzer*.

[91] ASTM E1461-13: *Test method for thermal diffusivity by the flash method*, ASTM
      International, West Conshohocken, PA, 2013.

[92] Fischer Elektronik GmbH & Co. KG: *Kenndaten Stiftkühlkörper ICK S 32 x 32 x
      20*.
      https://www.fischerelektronik.de/web_fischer/public/
      Abruf: 19.05.2019.

[93] R.W. Johnson: *The handbook of fluid dynamics*, CRC Press, Boca Raton, 1998.

[94] Robert McNeel & Associates: *Rhino Compute: Ein benutzerfreundlicher Geomet-
      rierechner*.
      https://www.rhino3d.com/compute
      Abruf: 28.05.2020.

[95] Robert McNeel & Associates: *Rhino.Inside*.
      https://www.rhino3d.com/inside
      Abruf: 28.05.2020.

Appendix

Code: Generierung von Basispunkten und Tropfenkurve

```
# INPUTS
# V_G <float>: Volumen aller Pins
# Base <Brep>: Grundplatte
# gamma <float>: Anströmwinkel in rad
# x0, x1, x2 <float>: Kontrollvariablen

# OUTPUTS
# P <Point3d[]>: Basispunkte
# C <Curve>: Tropfenform

from Rhino.Geometry import *
from math import pi, sqrt, ceil, floor, sin, cos, acos

# Iterative Bestimmung von R bei gegebenen A und phi
def GetRadiusFromArea(A_target, phi):
    r = 0.35
    R = 0.35
    a = 2*R*phi - R - r
    A = 0
    iterations = 0
    iterations_max = 100
    # Gebe Ergebnis direkt zurück, wenn C ein Kreis ist
    if phi < 1.05:
        R = sqrt(A_target/pi)
        return R
    # Repeat until error is smaller 0.1 %
    while abs((A-A_target)/A_target) > 0.001:
        iterations += 1
        if iterations >= iterations_max:
            break
        alpha = acos((R-r)/a)
        p = a*sin(alpha)/(pi - alpha)
        q = (r**2*alpha + a*r*sin(alpha) - A_target)/(pi - alpha)
        R = -p/2 + sqrt((p/2)**2 - q)
        a = 2*R*phi - R - r
        A = r**2*alpha + R**2*(pi-alpha) + a*(R+r)*sin(alpha)
    return R

# Erzeugen der Basiskurve aus R und phi
def CreateCurve(R, phi):
    r = 0.35
    a = 2*R*phi - R - r
    alpha = acos((R-r)/a)
    # Wenn phi kleiner ist, wird statt dem Tropfen ein kreis erzeugt
    phi_min = 1.05

    # Erzeugung von Bogensegmenten und Verbindungslinien
    r0 = (R+r+a)/2 - r
    R0 = -(R+r+a)/2 + R
    pt11 = Point3d(r*sin(alpha), r0 + r*cos(alpha), 0)
    pt12 = Point3d(0, r0 + r, 0)
    pt13 = Point3d(-r*sin(alpha), r0 + r*cos(alpha), 0)
    arc1 = Arc(pt11, pt12, pt13).ToNurbsCurve()
    pt21 = Point3d(-R*sin(alpha), R0 + R*cos(alpha), 0)
    pt22 = Point3d(0, R0 - R, 0)
```

A. Struve, *Generatives Design zur Optimierung additiv gefertigter Kühlkörper*, Light Engineering für die Praxis, https://doi.org/10.1007/978-3-662-63071-6

```
    pt23 = Point3d(R*sin(alpha), R0 + R*cos(alpha), 0)
    arc2 = Arc(pt21, pt22, pt23).ToNurbsCurve()
    l1 = Line(pt13, pt21).ToNurbsCurve()
    l2 = Line(pt23, pt11).ToNurbsCurve()

    if phi > phi_min:
        return Curve.JoinCurves([arc1, l1, arc2, l2])[0]
    else:
        return Circle(R).ToNurbsCurve()

# Übersetzen der Kontrollvariablen
phi = (2.5 - 1.0) * x0 + 1.0
ax = (5.0 - 3.0) * x1 + 3.0
ay = ((2.5 - 1.0) * x2 + 1.0) * ax

# Bestimmung der Abmaße der Grundplatte und Pins
B_x = Base.X.Length
B_y = Base.Y.Length
B_z = Base.Z.Length
h_ = 16.3

# Setzen des initialen Radius
R = 0
if phi > 1.05:
    R = GetRadiusFromArea(3.14171, phi)
else:
    R = 1.0

reps = 3
for i in range(reps):
    C = CreateCurve(R, phi)
    C.Rotate(gamma, Vector3d.ZAxis, Point3d.Origin)
    C_rot = Box(C.GetBoundingBox(Plane.WorldXY))

    # Erzeugen und Rotieren des Punktmusters P_G mit n_max * n_max Punkten
    B_dia = sqrt(B_x**2 + B_y**2)
    n_max = int(ceil(B_dia/ax))
    if n_max % 2 == 0:
        n_max += 1
    P = []
    for i in range(-int(floor(n_max/2)),int(ceil(n_max/2))):
        for j in range(-int(floor(n_max/2)),int(ceil(n_max/2))):
            pV = Vector3d(i*ax, j*ay, B_z)
            pV.Rotate(gamma, Vector3d.ZAxis)
            pt = Point3d(pV.X, pV.Y, pV.Z)
            # Filtern der Punkte nach ROI
            if (pt.X >= (C_rot.X.Length - B_x) / 2) \
                    and (pt.X <= (B_x - C_rot.X.Length) / 2) \
                    and (pt.Y >= (C_rot.Y.Length - B_y) / 2) \
                    and (pt.Y <= (B_y - C_rot.Y.Length) / 2):
                P.append(pt)
    # Neuberechnung von R
    n_pins = len(P)
    A_pin = V_pins / n_pins / h_
    if phi > 1.05:
        R = GetRadiusFromArea(3.14171, phi)
    else:
        R = 1.0
```

Code: Generierung von Pins

```
# INPUTS
# V_G <float>: Volumen aller Pins
# gamma <float>: Anströmwinkel in rad
# P <Point3d[]>: Basispunkte
# C <Curve>: Tropfenform

# OUTPUTS
# Pins <Brep[]>: Pins

from Rhino.Geometry import *
from math import sqrt, pi, sin, cos

# Konstruieren der Attraktorlinie
Att = Point3d(22*sin(gamma), -22*cos(gamma), 3.7)
AttLine = LineCurve(Point3d(-100, 22, 3.7), Point3d(100, 22,
3.7)).ToNurbsCurve()
AttLine.Rotate(gamma, Vector3d.ZAxis, Point3d.Origin)

# Anzahl der Basispunkte und Querschnittsfläche eines Tropfens
prop = AreaMassProperties.Compute(C)
A_P = prop.Area
n_P = len(P)

# Summe der Pin-Höhen
V_P = V_G / n_P
h_ = V_P / A_P
hSum = h_ * n_P

# Neue Höhen anhand der Abstände zur Attraktor-Linie
d = []
for i in range(len(P)):
    t = AttLine.ClosestPoint(P[i], 100)[1]
    ptOnLine = AttLine.PointAt(t)
    dist = ptOnLine.DistanceTo(P[i]);
    d.append(dist)
dSum = sum(d)

# Skalieren
h = []
for i in range(len(P)):
    h.append(d[i]*hSum/dSum)

# Verschieben und Extrudieren der Pins
Pins = []
for i in range(len(P)):
    C_rot = C.DuplicateCurve()
    C_rot.Translate(Vector3d(P[i]))
    Pin = Extrusion.Create(C_rot, h[i], True)
    Pins.append(Pin)
```

Printed in the United States
by Baker & Taylor Publisher Services